新工科建设之路·计算机类专业系列教材

Digital Logic

数字逻辑

程 鸿 主 编

张 艳 副主编

徐姗姗 王 翊 樊 敏 编

电子工业出版社·

Publishing House of Electronics Industry

北京·BEIJING

内 容 简 介

本书系统介绍数字逻辑的基本理论和基本器件，详细介绍组合逻辑电路和时序逻辑电路的分析、设计与实现的全过程。全书共 7 章，内容包括数制与码制、逻辑函数及其化简、组合逻辑电路、触发器、时序逻辑电路、实验、模数和数模转换器等。其中，模数和数模转换器为选修补充内容。

本书包含理论和实验两部分，可作为高等学校计算机、数字媒体技术等非电类专业"数字电路与逻辑设计"课程的教材或者双语教材，也可作为相关学科工程技术人员的参考用书。

未经许可，不得以任何方式复制或抄袭本书之部分或全部内容。

版权所有，侵权必究。

图书在版编目（CIP）数据

数字逻辑 / 程鸿主编. -- 北京 ：电子工业出版社，
2024. 3. -- ISBN 978-7-121-48156-7

Ⅰ．TP302.2

中国国家版本馆 CIP 数据核字第 2024399XC2 号

责任编辑：张　鑫

印　　刷：三河市龙林印务有限公司
装　　订：三河市龙林印务有限公司
出版发行：电子工业出版社
　　　　　北京市海淀区万寿路 173 信箱　邮编：100036
开　　本：787×1 092　1/16　印张：11　字数：296 千字
版　　次：2024 年 3 月第 1 版
印　　次：2024 年 3 月第 1 次印刷
定　　价：42.00 元

凡所购买电子工业出版社图书有缺损问题，请向购买书店调换。若书店售缺，请与本社发行部联系，联系及邮购电话：(010) 88254888，88258888。

质量投诉请发邮件至 zlts@phei.com.cn，盗版侵权举报请发邮件至 dbqq@phei.com.cn。

本书咨询联系方式：zhangx@phei.com.cn。

前　言

世界是模拟的，也是数字的，数字逻辑就是研究如何将模拟信号数字化，并进行处理分析，以实现所期望目标的一门课程。模拟和数字并不割裂，学习完本课程，读者将知道它们彼此的区别和联系。

2012 年，课程团队撰写了《数字电路与逻辑设计》教材（主编：李晓辉；出版社：电子工业出版社），该教材包括集成逻辑门电路、组合逻辑电路、时序逻辑电路、半导体存储器、可编程逻辑器件、脉冲波形的产生和整形等内容，内容全面，兼具深度与广度，适合作为高等学校电子信息、电气、仪器仪表等电类专业本科生的教材。以该教材为基础，课程团队撰写了本书，作为数字电路课程的系列教材之一。本书主要讨论数字电路的基本理论、逻辑变换的基本原理和方法、各种常用逻辑模块与器件的原理和应用，使读者能够初步掌握数字电路的基本分析方法和逻辑设计方法。书中的关键词、习题等部分都以中英文两种语言形式出现，本书可作为非电类专业本科生的课程教材或者双语教材，也可作为相关学科工程技术人员的参考用书。

作为数字电路技术的入门教材，本书仍将以中小规模集成电路为主的数字逻辑电路的基础理论、基本电路、基本分析与设计方法作为重点，补充了模数转换器和数模转换器的原理，并配套了 4 组典型实验。本书的基本内容符合教育部高等学校电工电子基础课程教学指导分委员会关于"数字电路与逻辑设计"课程教学的基本要求，同时注重内容的创新性、题目设置的高阶性等。

为了便于教学，也为了便于读者今后阅读外文教材，书中采用了目前国际通用的图形逻辑符号。同时，在国家高等教育智慧教育平台上有本书配套的"数字电路与逻辑设计"课程的视频和相关材料，读者可以进行学习。

本书的第 1 章、第 2 章由樊敏执笔编写，第 3 章、第 4 章、第 5 章、第 7 章由程鸿执笔编写，第 6 章由王翊和徐姗姗执笔编写，全书由程鸿和张艳定稿。

在本书的编写过程中，电子工业出版社的编辑及相关院校的老师和同学们给予了大力支持，在此谨向他们表示衷心的感谢，并恳请读者给予批评指正。

编　者

目　　录

第 1 章　数制与码制
（**Number System and Code System**）

数制是指用数码来表示数值大小的系统，如常见的十进制、十六进制、二进制等。码制是指用数码来表示不同的事物或事物的不同状态。数字电路中最常见的是二进制编码，所以本章将介绍几种二进制编码。数制与码制是数字电路和数字信号的基础。

1.1　数字信号与数字电路
（**Digital Signal and Digital Circuit**）

在自然界中，存在着各种各样的物理量，尽管它们的性质各异，但就其变化规律的特点而言，它们可以分为两大类。

一类物理量的变化在时间上和数量上都是**离散的**（Discrete），其数值的变化都是某个最小数量单位的整数倍，这一类物理量称为**数字量**（Digital Quantity）。将表示数字量的信号称为**数字信号**（Digital Signal），并将工作在数字信号下的电子电路称为**数字电路**（Digital Circuit）。

另一类物理量的变化在时间上和数值上是**连续的**（Continuous），这一类物理量称为**模拟量**（Analog Quantity）。将表示模拟量的信号称为**模拟信号**（Analog Signal），并将工作在模拟信号下的电子电路称为**模拟电路**（Analog Circuit）。

数字信号和模拟信号的波形样例分别如图 1-1 和图 1-2 所示。

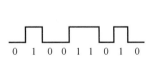

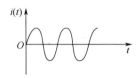

图 1-1　数字信号波形样例　　　　　　　　　　图 1-2　模拟信号波形样例

Fig. 1-1　Sample of digital signal waveform　　　Fig. 1-2　Sample of analog signal waveform

与模拟电路相比，**数字电路具有以下主要优点**。

（1）**稳定性**（Stability）好，**抗干扰能力**（Anti-jamming Ability）强。在**数字系统**（Digital System）中，数字电路只需**判别**（Discriminate）输入、输出信号是高电平还是低电平，而无须知道信号的精确值。只要**噪声信号**（Noise Signal）不超过高、低电平的**阈值**（Threshold），就不会影响逻辑状态，因而数字电路具有较好的稳定性和抗干扰能力。

（2）容易设计，便于构成**大规模集成电路**（Large Scale Integrated Circuit）。与模拟电路的设计相比，数字电路的设计所需要的基础知识和电路设计技能要少得多。数字电路中**晶体管**（Transistor）工作在开关状态。大多数数字电路都可以采用集成电路来系列化生产，且成本低廉，使用方便。

（3）信息处理能力强。数字系统可以方便地与计算机连接，利用计算机对信息进行处理。

（4）**精度高**（High Precision）且容易保持。通过增加二进制数的位数，可以使数字电路处理数字信号的结果达到所要求的精度。因此，由数字电路组成的数字系统工作准确，精度高。信号经数字化后，在传输和处理过程中信息的精度是不会降低的，即结果再现性好。

（5）**便于存储**（Easy to Store）。利用数字存储器可以方便地对数字信号进行保存、传输和再现。

（6）**功耗小**（Low Power Consumption）。由于数字电路中的器件均处于开关状态，大大降低了静态功耗。

鉴于数字电路存在的以上优点，因此其应用日趋广泛，在电子系统中所占的比重也越来越大。随着新技术的出现和集成电路技术的不断发展，数字系统正在向低功耗、低电压、高速度和高集成度方向迅猛发展。因此，在电子信息、通信、自动化及计算机工程领域，数字电路与逻辑设计是一门发展迅速、应用广泛的理论和技术。

1.2 数制（Number System）

数字信号通常以数码形式给出，不同的数码可以用来表示数量的大小。在用数码表示数量大小时，有时仅仅用一位数是不够的，经常需要用多位数。多位数码中每一位的构成和低位向高位的进位规则称为数制或进位计数制。在日常生活中，常用的进位计数制是**十进制**（Decimal）。而在数字电路中通常采用二进制数，有时也采用八进制数和十六进制数。

1. 十进制数（Decimal Number）

在十进制数中，共有 0，1，2，…，9 十个不同的数码。进位规则是"逢十进一"。各个数码处于十进制数的不同位置时，所代表的数值是不同的。例如，十进制数 2023 可写成展开式为

$$(2023)_{10} = 2 \times 10^3 + 0 \times 10^2 + 2 \times 10^1 + 3 \times 10^0$$

其中，10 称为**基数**（Base Number），10^0、10^1、10^2、10^3 称为各位的"**权**"（Weight）。十进制数个位的权为 1，十位的权为 10，百位的权为 100，……。任意一个十进制数都可表示为

$$(N)_{10} = d_{n-1} \times 10^{n-1} + d_{n-2} \times 10^{n-2} + \cdots + d_1 \times 10^1 + d_0 \times 10^0 + d_{-1} \times 10^{-1} + \cdots + d_{-m} \times 10^{-m} = \sum_{i=-m}^{n-1} d_i \times 10^i$$

其中，m、n 为正整数；n 表示整数部分位数；m 表示小数部分位数；d_i 为各位的数码；10^i 为各位的权；$d_i \times 10^i$ 为各位所对应的数值。

2. 二进制数（Binary Number）

在二进制数中，共有 0，1 两个不同的数码。进位规则是"逢二进一"。任意一个二进制数的展开式为

$$(N)_2 = b_{n-1} \times 2^{n-1} + b_{n-2} \times 2^{n-2} + \cdots + b_1 \times 2^1 + b_0 \times 2^0 + b_{-1} \times 2^{-1} + \cdots + b_{-m} \times 2^{-m} = \sum_{i=-m}^{n-1} b_i \times 2^i$$

其中，2 称为基数；m、n 为正整数；n 表示整数部分位数；m 表示小数部分位数；b_i 为各位的数码；2^i 为各位的权；$b_i \times 2^i$ 为各位所对应的数值。

例如，二进制数 11001.011 可展开为

$$(11001.011)_2 = 1 \times 2^4 + 1 \times 2^3 + 0 \times 2^2 + 0 \times 2^1 + 1 \times 2^0 + 0 \times 2^{-1} + 1 \times 2^{-2} + 1 \times 2^{-3}$$

二进制数的优点：

（1）二进制数只有 0 和 1 两个数码，很容易与电路状态相对应，如三极管的**导通**（Conduction）与**截止**（Cut-off）、继电器触点的闭合与断开、灯泡的亮与灭。

（2）二进制数的基本运算规则简单，操作简便。

二进制数的缺点：

用二进制数表示其他进制数时位数较多，使用不方便，如 $(49)_{10} = (110001)_2$。

3．十六进制数（Hexadecimal Number）

在十六进制数中，共有 0～9，A～F 十六个不同的数码。进位规则是"逢十六进一"。任意一个十六进制数的展开式为

$$(N)_{16} = h_{n-1} \times 16^{n-1} + h_{n-2} \times 16^{n-2} + \cdots + h_1 \times 16^1 + h_0 \times 16^0 + h_{-1} \times 16^{-1} + \cdots + h_{-m} \times 16^{-m} = \sum_{i=-m}^{n-1} h_i \times 16^i$$

其中，16 称为基数；m、n 为正整数；n 表示整数部分位数；m 表示小数部分位数；h_i 为各位的数码；16^i 为各位的权；$h_i \times 16^i$ 为各位所对应的数值。

例如，十六进制数 B1.3A 可展开为

$$(B1.3A)_{16} = 11 \times 16^1 + 1 \times 16^0 + 3 \times 16^{-1} + 10 \times 16^{-2}$$

上述表示方法可以推广到任意进制的计数制。在 R 进制数中共有 R 个数码，基数为 R，各位的权是 R 的幂。因而一个 R 进制数可表示为

$$(N)_R = a_{n-1} \times R^{n-1} + a_{n-2} \times R^{n-2} + \cdots + a_1 \times R^1 + a_0 \times R^0 + a_{-1} \times R^{-1} + \cdots + a_{-m} \times R^{-m}$$
$$= \sum_{i=-m}^{n-1} a_i \times R^i$$

表 1-1 展示了不同的数在二进制、十进制以及十六进制中的对照关系。

表 1-1　不同进位计数制对照表
Table 1-1　Comparison table of different number systems

十进制数	二进制数	十六进制数
0	0000	0
1	0001	1
2	0010	2
3	0011	3
4	0100	4
5	0101	5
6	0110	6
7	0111	7

十进制数	二进制数	十六进制数
8	1000	8
9	1001	9
10	1010	A
11	1011	B
12	1100	C
13	1101	D
14	1110	E
15	1111	F

1.3　数制转换（Number System Conversion）

1．二进制数和十六进制数转换成十进制数

若将二进制数或十六进制数转换成等值的十进制数，只要将二进制数或十六进制数的每位数码乘以权，再按十进制运算规则求和，即可得到相应的十进制数。例如：

$$(1001.001)_2 = 1 \times 2^3 + 0 \times 2^2 + 0 \times 2^1 + 1 \times 2^0 + 0 \times 2^{-1} + 0 \times 2^{-2} + 1 \times 2^{-3}$$
$$= (9.125)_{10}$$
$$(FC3.D)_{16} = 15 \times 16^2 + 12 \times 16^1 + 3 \times 16^0 + 13 \times 16^{-1}$$
$$= (4035.8125)_{10}$$

2．二进制数与十六进制数之间的转换

由于 4 位二进制数正好能表示 1 位十六进制数，因此可将 4 位二进制数看作一个整体。当二进制数转换为十六进制数时，以小数点为界，整数部分自右向左每 4 位一组，不足则前面补 0；小数部分从左向右每 4 位一组，不足则后面补 0，每组代之以等值的十六进制数，即可得到相应的十六进制数。例如：

$$(1011100.01)_2 = \underset{5}{\underline{0101}}\,\underset{C}{\underline{1100}}.\underset{4}{\underline{0100}} = (5C.4)_{16}$$

当十六进制数转换为二进制数时，只需将十六进制数的每一位用等值的 4 位二进制数代替就可以了。例如：

$$(D3.E)_{16} = \underset{D}{\underline{1101}}\,\underset{3}{\underline{0011}}.\underset{E}{\underline{1110}} = (11010011.1110)_2$$

3．十进制数转换成二进制数和十六进制数

将十进制数转换成二进制数和十六进制数，需先将十进制数的整数部分和小数部分分别进行转换，再将它们合并起来。

（1）整数部分的转换

整数部分的转换采用"**除基取余**"（Divide the Base and Take the Remainder）法。首先将十进制整数不断除以将要转换进制的基数；然后对每次得到的商除以要转换进制的基数，直至商

为 0 为止；接着将各次余数按倒序列出，即第一次的余数为要转换进制整数的最低有效位，最后一次的余数为要转换进制整数的最高有效位；最后所得的数值即等值的要转换进制整数。

例 1-1　将十进制数 34 转换成二进制数。

解　由于二进制数的基数为 2，因此逐次除以 2 取其余数。转换过程如下：

$$
\begin{array}{r|l l l}
2 & 34 & \text{余}0 & \text{低位}\\
2 & 17 & \text{余}1 \\
2 & 8 & \text{余}0 \\
2 & 4 & \text{余}0 \\
2 & 2 & \text{余}0 \\
2 & 1 & \text{余}1 & \text{高位}\\
& 0
\end{array}
$$

所以 $(34)_{10} = (100010)_2$。

例 1-2　将十进制数 532 转换成十六进制数。

解　由于十六进制数的基数为 16，因此逐次除以 16 取其余数。转换过程如下：

$$
\begin{array}{r|l l l}
16 & 532 & \text{余}5 & \text{低位}\\
16 & 33 & \text{余}1 \\
16 & 2 & \text{余}2 & \text{高位}\\
& 0
\end{array}
$$

所以 $(532)_{10} = (215)_{16}$。

（2）小数部分的转换

小数部分的转换采用**"乘基取整"**（Multiplication the Base and Take the Rounding）法。先将十进制小数不断乘以将要转换进制的基数，积的整数作为相应的要转换进制小数，再对积的小数部分乘以要转换进制的基数，直至小数部分为 0 或达到一定精度为止。第一次积的整数为要转换进制小数的最高有效位，最后一次积的整数为要转换进制小数的最低有效位，所得的数值即等值的要转换进制小数。

例 1-3　将十进制数 0.875 转换成二进制数。

解　由于二进制数的基数为 2，因此逐次用 2 乘以小数部分。转换过程如下：

$$
\begin{array}{ll l}
0.875 \times 2 = 1.75 & b_{-1} = 1 & \text{高位}\\
0.75 \times 2 = 1.5 & b_{-2} = 1 \\
0.5 \times 2 = 1.000 & b_{-3} = 1 & \text{低位}
\end{array}
$$

所以 $(0.875)_{10} = (0.111)_2$。

例 1-4　将十进制数 0.87 转换成二进制数，要求精度达到 0.1%。

解　由于要求精度达到 0.1%，因此需要精确到二进制小数 10 位，即 $1/2^{10} = 1/1024$。转换过程如下：

$0.87 \times 2 = 1.74$	$b_{-1} = 1$	$0.92 \times 2 = 1.84$	$b_{-5} = 1$	$0.72 \times 2 = 1.44$	$b_{-9} = 1$
$0.74 \times 2 = 1.48$	$b_{-2} = 1$	$0.84 \times 2 = 1.68$	$b_{-6} = 1$	$0.44 \times 2 = 0.88$	$b_{-10} = 0$
$0.48 \times 2 = 0.96$	$b_{-3} = 0$	$0.68 \times 2 = 1.36$	$b_{-7} = 1$		
$0.96 \times 2 = 1.92$	$b_{-4} = 1$	$0.36 \times 2 = 0.72$	$b_{-8} = 0$		

所以 $(0.87)_{10} = (0.1101111010)_2$。

例 1-5 将十进制数 34.875 转换成二进制数。

解 按例 1-1 和例 1-3 分别转换，将整数部分与小数部分分别转换，并将结果合并，得

$$(34.875)_{10} = (100010.111)_2$$

例 1-6 将十进制小数 0.875 转换成十六进制数。

解 由于十六进制数的基数为 16，因此可逐次用 16 乘以小数部分。转换过程如下：

$$0.875 \times 16 = 14.0 \quad a_{-1} = E$$

所以 $(0.875)_{10} = (0.E)_{16}$。

1.4 编 码（Coding）

在数字系统中，常用数码表示不同的事物或事物的不同状态，这个表示的过程称为编码。此时数码已没有表示数量大小的含义，只是表示不同事物或状态的代号，这些数码称为**代码**（Code）。编码所遵循的规则称为**码制**（Code System）。

1.4.1 二—十进制编码（Binary Coded Decimal，BCD）

由于数字系统的基本工作信号是 0，1 信号，所以需要将十进制数转换成二进制数。二—十进制编码（简称 BCD 码）就是一种二进制的数字编码形式。由于十进制数共有 0～9 十个数码，因此至少需要 4 位二进制数才能表示 1 位十进制数。4 位二进制数共有 16 种组合（0000～1111），究竟取哪 10 个二进制数及如何使其与十进制数的 0～9 对应则有多种方案。表 1-2 所示为常见的 4 种 BCD 码，它们的编码规则各不相同。

表 1-2　常见的 BCD 码

Table 1-2　Common BCD codes

十进制数	有权码			无权码
	8421 码	2421 码	5211 码	余 3 码
0	0000	0000	0000	0011
1	0001	0001	0001	0100
2	0010	0010	0100	0101
3	0011	0011	0101	0110
4	0100	0100	0111	0111
5	0101	1011	1000	1000
6	0110	1100	1001	1001
7	0111	1101	1100	1010
8	1000	1110	1101	1011
9	1001	1111	1111	1100

BCD 码根据 4 位二进制数每一位是否有固定的权分为**有权码**（Weighted Code）和**无权码**（Unweighted Code）。8421 码是一种有权码，在这种编码方式中，代码从左到右每一位的 1 分别表示 8、4、2、1，所以这种代码称为 8421 码。8421 码中每一位的权是固定不变的，分别为 8、4、2、1，它属于**恒权代码**（Constant Weight Code）。由于 8421 码的各位的权是按基数 2 的幂增加的，这和二进制数位的权一致，所以有时 8421BCD 码也称为**自然权码**（Natural Weight Code）。**2421 码**也是一种有权码，代码从左到右每一位的 1 分别表示 2、4、2、1。**5211码**也是一种恒权代码，从高位到低位的权分别为 5、2、1、1。

余 3 码是一种无权码，其**编码规则**（Coding Rules）是在 8421 码的基础上加十进制数 3，即加二进制数 0011。

1.4.2　格雷码（Gray Code）

为了避免代码在形成和传输中可能发生的错误，使代码具备某种特征，可以在发生错误的时候容易被发现，从而形成了各种可靠性编码。格雷码就是其中一种简单的可靠性编码。

格雷码又称为**循环码**（Cyclic Code），其最基本的特征是任何相邻的两组代码中，仅有一位数码不同，并且每一位的状态变化都按一定的顺序循环，如表 1-3 所示。4 位格雷码如果从 0000 开始，右边第一位的状态按 0110 顺序循环变化，右边第二位的状态按 00111100 顺序循环变化，右边第三位按 0000111111110000 顺序循环变化。由此可见，自右向左每一位状态循环中连续的 0 和 1 的数目增加一倍。

表 1-3　4 位格雷码与二进制代码的比较

Table 1-3　Comparison between 4-bit gray code and binary code

十进制数	二进制代码	格雷码
0	0000	0000
1	0001	0001
2	0010	0011
3	0011	0010
4	0100	0110
5	0101	0111
6	0110	0101
7	0111	0100
8	1000	1100
9	1001	1101
10	1010	1111
11	1011	1110
12	1100	1010
13	1101	1011
14	1110	1001
15	1111	1000

与普通的二进制代码相比，格雷码的最大优点是当它按照表 1-3 的编码顺序依次变化时，相邻两个代码之间只有一位发生了变化，这一点非常有用。例如，与十进制数 7 和 8 等值的二进制代码分别为 0111 和 1000。在数字系统中，当由 0111 变为 1000 时，4 个码位都有变化。

实际应用中，每个码位的变化有先有后，假设是由高位到低位依次变化，则会出现 0111→1111→1011→1001→1000 的变化过程。这种瞬变过程有时会影响系统的正常工作。而对应的格雷码由 0100 变化为 1100，只有一位发生了变化，不会出现上述瞬变过程，从而提高了系统的抗干扰性能和可靠性，也有助于提高系统的工作速度。

1.4.3　美国信息交换标准代码
（American Standard Code for Information Interchange，ASCII）

数字系统除了需要处理数字，还需要处理字母、标点符号等字符，所有的字符都需要转换为二进制代码才能被数字系统进行处理，这个转换过程称为字符编码。

美国信息交换标准代码（简称 ASCII 码）就是一种最常用的字符编码。它是由美国国家标准化协会制定的一种代码，目前已被国际标准化组织（the International Organization for Standardization，ISO）选为一种国际通用代码，广泛地用于通信和计算机中。

ASCII 码是 7 位二进制代码，一共有 128 个，分别用于表示数字 0～9，大、小写英文字母，若干常用的符号和控制码，如表 1-4 所示。各种控制码的含义如表 1-5 所示。

此外，还可以根据不同的要求编制出具有不同特点的代码。

表 1-4　美国信息交换标准代码（ASCII 码）

Table 1-4　American Standard Code for Information Interchange (ASCII)

$b_4b_3b_2b_1$	$b_7b_6b_5$							
	000	001	010	011	100	101	110	111
0000	NUL	DLE	SP	0	@	P	`	P
0001	SOH	DC1	!	1	A	Q	a	q
0010	STX	DC2	"	2	B	R	b	r
0011	ETX	DC3	#	3	C	S	c	s
0100	EOT	DC4	$	4	D	T	d	t
0101	ENQ	NAK	%	5	E	U	e	u
0110	ACK	SYN	&	6	F	V	f	v
0111	BEL	ETB	'	7	G	W	g	w
1000	BS	CAN	(	8	H	X	h	x
1001	HT	EM	)	9	I	Y	i	y
1010	LF	SUB	*	:	J	Z	j	z
1011	VT	ESC	+	;	K	[	k	{
1100	FF	FS	,	<	L	\	l	|
1101	CR	GS	–	=	M	]	m	}
1110	SO	RS	·	>	N	^	n	~
1111	SI	US	/	?	O	–	o	DEL

表 1-5　ASCII 码中控制码的含义

Table 1-5　Meaning of control code in ASCII

代　　码	含　　义	
NUL	Null	空白，无效
SOH	Start of heading	标题开始

代　码	含　　义	
STX	Start of text	正文开始
ETX	End of text	正文结束
EOT	End of transmission	传输结束
ENQ	Enquiry	询问
ACK	Acknowledge	承认
BEL	Bell	报警
BS	Backspace	退格
HT	Horizontal tab	水平制表
LF	Line feed	换行
VT	Vertical tab	垂直制表
FF	Form feed	换页
CR	Carriage return	回车
SO	Shift out	移出
SI	Shift in	移入
DLE	Data link escape	数据链路转义
DC1	Device control 1	设备控制 1
DC2	Device control 2	设备控制 2
DC3	Device control 3	设备控制 3
DC4	Device control 4	设备控制 4
NAK	Negative acknowledge	否定
SYN	Synchronous idle	空转同步
ETB	End of transmission block	信息块传输结束
CAN	Cancel	取消
EM	End of medium	介质中断
SUB	Substitute	代替，置换
ESC	Escape	退出
FS	File separator	文件分隔
GS	Group separator	组分隔
RS	Record separator	记录分隔
US	Unit separator	单元分隔
SP	Space	空格
DEL	Delete	删除

1.4.4　二进制原码（Original Code）、反码（Inverse Code）和补码（Complement Code）

在通常的**算术运算**（Arithmetic Operation）中，用"+"符号表示**正数**（Positive Number），用"−"符号表示**负数**（Negative Number）。但在数字系统中，正、负数的表示方法是，将一个数的最高位作为符号位，用"0"表示"+"，用"1"表示"−"。常用的二进制数表示方法有原码、反码和补码。

1. 原码表示法（Original Code Representation）

用附加的符号位表示数的正负，**符号位**（Signed）加在绝对值最高位之前（最左侧）。通常用"0"表示正数，用"1"表示负数。该表示方法称为二进制的原码表示法。

例如，十进制数+23 和-23 的原码分别表示为

原码表示法虽然简单易懂，但在数字系统中运算并不方便。如果以原码方式进行两个不同符号数的减法运算，则必须首先判别两个数的大小，然后从大数中减去小数，最后判别结果的符号位，因此增加了运算时间。实际上，在数字系统中更为适合的方法是补码表示法，而补码可以由反码获得。

2. 反码表示法（Inverse Code Representation）

反码的符号位表示法与原码相同，即用"0"表示正数，用"1"表示负数。与原码表示法不同的是数值部分，即正数的反码数值与原码数值相同，负数的反码数值由原码数值按位求反而得。

例 1-7 用 4 位二进制数表示十进制数+4 和-4 的反码。

解 先求十进制数所对应的原码，再将原码转换成反码。

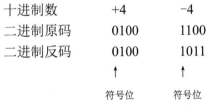

即[+4]$_反$ = 0100，[-4]$_反$ = 1011。

3. 补码表示法（Complement Representation）

在补码表示法中，正数的补码与其原码及反码的表示相同。但对于负数，由原码转换到补码的规则是，符号位保持不变，数值部分则由按位求反，然后加 1 而得，即"求反加 1"。

例 1-8 用 4 位二进制数表示十进制数+4 和-4 的补码。

解 首先求十进制数所对应的原码，然后将原码转换成反码，最后将反码加 1 转换为补码。

十进制数	+4	-4
二进制原码	0100	1100
二进制反码	0100	1001
二进制补码	0100	1011 + 1 = 1100
	↑	↑
	符号位	符号位

即 $[+4]_补 = 0100$，$[-4]_补 = 1100$。

本章小结（Summary）

本章介绍了数制和码制的基本概念、常用的进位计数制及其相互转换、几种常见的标准代码。其中，8421 码是需要重点掌握的。在数字系统中，常用的二进制数表示方法有原码、反码和补码。

习　题（Exercises）

1-1　将下列二进制数转换为十进制数。

Convert the following binary numbers to decimal numbers.

（1）1101；（2）10101.011。

1-2　将下列十进制数转换为二进制数（小数部分取四位有效数字）。

Convert the following decimal numbers to binary numbers (the decimal part takes four significant digits).

（1）12.34；（2）19.65。

1-3　将下列二进制数转换为十六进制数。

Convert the following binary numbers to hexadecimal numbers.

（1）1011；（2）1001.0101。

1-4　将下列十六进制数转换为二进制数。

Convert the following hexadecimal numbers to binary numbers.

（1）2A；（2）7F.FF。

1-5　将下列十进制数转换为十六进制数（小数部分取一位有效数字）。

Convert the following decimal numbers to hexadecimal numbers (the decimal part takes one significant digit).

（1）43；（2）36.8。

1-6　将下列十六进制数转换为十进制数。

Convert the following hexadecimal numbers to decimal numbers.

（1）56；（2）4F.12。

1-7　完成下列数制的转换。

Complete the following number conversion.

（1）$(24.36)_{10} = ($　　$)_{8421}$；

（2）$(64.27)_{10} = ($　　$)_{\text{余}3}$；

（3）$(10010010.0011)_{8421} = ($　　$)_{10}$；

（4）$(10110011)_{2421} = ($　　$)_{10}$。

1-8　将如下带符号的二进制数转换为十进制数。

Write the decimal numbers represented by the following signed binary numbers.

（1）0101；（2）1011。

第 2 章　逻辑函数及其化简
（Logic Function and Simplification）

2.1　概　　述（Overview）

1849 年，英国数学家乔治·布尔（George Boole）首先提出了描述客观事物逻辑关系的数学方法——**布尔代数**（Boolean Algebra）。后来，贝尔实验室和美国数学家、信息论的创始人麻省理工学院的克劳德·香农（C. E. Shannon）将布尔代数的"**真**"（True）与"**假**"（Fake）和电路系统的"开"和"关"对应起来，用布尔代数分析并优化开关电路，进而奠定了数字电路的理论基础。在工程界，布尔代数常称为**开关代数**（Switch Algebra）或**逻辑代数**（Logic Algebra）。随着半导体器件制造工艺的发展，各种具有良好开关性能的微电子器件不断涌现，因而逻辑代数已成为现代数字逻辑电路不可缺少的数学工具。

2.2　逻辑运算（Logic Operation）

逻辑代数是用来处理逻辑运算的代数，逻辑运算就是按照人们事先设计好的规则进行逻辑推理和逻辑判断。参与逻辑运算的变量称为**逻辑变量**（Logic Variable），用相应的字母表示。逻辑变量只有 0，1 两种取值，而且在逻辑运算中 0 和 1 不再表示具体数量的大小，而只表示两种不同的**状态**（Status），即命题的假和真、信号的无和有等。因而逻辑运算是按位进行的，没有进位，也就没有减法和除法。

2.2.1　基本逻辑运算（Basic Logic Operation）

在二值逻辑中，最基本的逻辑有与（AND）逻辑、或（OR）逻辑、非（NOT）逻辑三种。任何复杂的逻辑都可以通过这三种基本逻辑运算来实现。

1. 与逻辑运算（AND Logic Operation）

与逻辑又称**逻辑乘**（Logical Multiplication）、与运算，简称与。

如图 2-1 所示，两个开关 S_1、S_2，只有当开关 S_1、S_2 全合上时，灯才亮。其工作状态表如表 2-1 所示。对于此例，

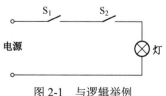

图 2-1　与逻辑举例

Fig. 2-1　AND logic example

可以得出这样一种因果关系：只有当决定某一事件（如灯亮）的条件（如开关合上）全部具备时，这一事件（如灯亮）才会发生。这种因果关系称为**与逻辑关系**。

用 A、B 作为开关 S_1、S_2 的**状态变量**（State Variable），以取值 1 表示开关合上，以取值 0 表示开关断开；用 F 作为灯的状态，以取值 1 表示灯亮，以取值 0 表示灯灭。用状态变量和取值可以列出表示与逻辑关系的表，如表 2-2 所示。由输入逻辑变量所有取值的组合与其所对应的输出逻辑函数值构成的表格，即将所有可能的条件组合及其对应结果一一列出来的表格称为**逻辑真值表**（Logical Truth Table），简称**真值表**（Truth Table）。

表 2-1	与逻辑举例状态表
Table 2-1	**Status table of AND logic example**

开关 S_1	开关 S_2	灯
断	断	灭
断	合	灭
合	断	灭
合	合	亮

表 2-2	与逻辑真值表
Table 2-2	**AND logic truth table**

A	B	F
0	0	0
0	1	0
1	0	0
1	1	1

由真值表可见，只有当 A、B 同时为 1 时，F 才为 1。因此 F 与 A、B 之间的关系属于**与逻辑**，其**逻辑表达式**（Logical Expression）（或称逻辑函数式）如下：

$$F = A \cdot B = AB \tag{2-1}$$

本书中用 "·" 表示与逻辑，在不会发生混淆时，常省略符号 "·"（有时也可用符号∧、∩、&来表示逻辑与符号）。由表 2-2 可知，与逻辑运算的**基本规则**（Basic Rules）为

$$0 \cdot 0 = 0, \ 0 \cdot 1 = 0, \ 1 \cdot 0 = 0, \ 1 \cdot 1 = 1$$
$$0 \cdot A = 0, \ 1 \cdot A = A, \ A \cdot 1 = A, \ A \cdot A = A$$

2．或逻辑运算（OR Logic Operation）

或逻辑又称逻辑加（Logical Addition）、或运算，简称**或**。

将图 2-1 的开关 S_1、S_2 改接为图 2-2 所示的形式，其工作状态表如表 2-3 所示。在图 2-2 的电路中，只要开关 S_1 或 S_2 有一个合上，或者两个都合上，灯就会亮。这样可以得出另一个因果关系：只要在决定某一事件（如灯亮）的各种条件（如开关合上）中，有一个或几个条件具备，这一事件（如灯亮）就会发生。这种因果关系称为**或逻辑关系**。

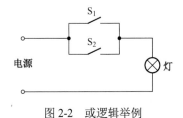

图 2-2　或逻辑举例

Fig. 2-2　OR logic example

表 2-3	或逻辑举例状态表
Table 2-3	**Status table of OR logic example**

开关 S_1	开关 S_2	灯
断	断	灭
断	合	亮
合	断	亮
合	合	亮

A、B、F 的取值约定和与逻辑相同，表 2-4 为**或逻辑真值表**。

由真值表可见，当 A、B 有一个为 1 时，F 就为 1。因此 F 与 A、B 之间的关系属于**或逻辑**，其逻辑表达式如下：

$$F = A + B \tag{2-2}$$

由表 2-4 可知，**或逻辑运算的基本规则**为

$$0+0=0, \ 0+1=1, \ 1+0=1, \ 1+1=1$$
$$A+0=A, \ 1+A=1, \ A+1=1, \ A+A=A$$

表 2-4　或逻辑真值表

Table 2-4　OR logic truth table

A	B	F
0	0	0
0	1	1
1	0	1
1	1	1

3. 非逻辑运算（NOT Logic Operation）

非逻辑又称逻辑反、非运算，简称非。

图 2-3 所示电路的工作状态表如表 2-5 所示。当开关 S 合上时，灯灭；反之，当开关 S 断开时，灯亮。开关合上本是灯亮的条件。在该电路中，事件（如灯亮）发生的条件（如开关合上）具备时，事件（如灯亮）不会发生；反之，事件发生的条件不具备时，事件发生。这种因果关系称为非逻辑。

规定 A、F 的取值约定同与逻辑，表 2-6 所示为非逻辑真值表。

由真值表可见，当 A 为 1 时，F 就为 0；当 A 为 0 时，F 就为 1。因此 F 与 A 之间的关系属于非逻辑，其逻辑表达式如下：

$$F = \overline{A} \qquad\qquad (2\text{-}3)$$

读作"A 非"或"非 A"。

非逻辑运算的基本规则为

$$\overline{0} = 1 \qquad \overline{1} = 0$$

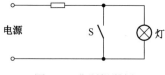

图 2-3　非逻辑举例

Fig. 2-3　NOT logic example

表 2-5　非逻辑举例状态表

Table 2-5　Status table of NOT logic example

开关 S	灯
断	亮
合	灭

表 2-6　非逻辑真值表

Table 2-6　NOT logic truth table

A	F
0	1
1	0

在数字逻辑电路中，采用了一些**逻辑符号**（Logic Symbol）图形表示上述三种基本逻辑关系，如图 2-4 所示。图中，（1）为国家标准 GB/T 4728.12—2022《电气简图用图形符号　第 12 部分：二进制逻辑元件》中的图形符号；（2）为部分国外资料中常用的图形符号。本书采用（2）的图形符号表示。

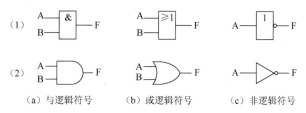

（a）与逻辑符号　　　（b）或逻辑符号　　　（c）非逻辑符号

图 2-4　基本逻辑的逻辑符号

Fig. 2-4　Logic symbols of basic logic

在数字逻辑电路中，将能实现基本逻辑关系的基本单元电路称为**逻辑门电路**（Logic Gate Circuit）。将能实现与逻辑的基本单元电路称为**与门**（AND Gate）；将能实现**或**逻辑的基本单元电路称为**或门**（OR Gate）；将能实现非逻辑的基本单元电路称为**非门**（NOT Gate），或称**反相器**（Inverter）。图 2-4 所示的逻辑符号也用于表示相应的逻辑门。

2.2.2　复合逻辑运算（Compound Logic Operation）

基本逻辑的简单组合可形成**复合逻辑**（Compound Logic），实现复合逻辑的电路称为**复合门**（Compound Gate）。常见的复合逻辑运算有**与非**（NAND）逻辑、**或非**（NOR）逻辑、**与或非**（AND-NOR）逻辑、**异或**（XOR）逻辑和**同或**（XNOR）逻辑等。

1. 与非逻辑（NAND Logic）

与非逻辑是与逻辑运算和非逻辑运算的复合，它是将输入变量先进行与运算，再进行非运算。其逻辑表达式为

$$F = \overline{AB} \tag{2-4}$$

两输入变量与非逻辑真值表如表 2-7 所示。由真值表可见，对于**与非**逻辑，只要输入变量中有一个为 0，输出就为 1。或者说，只有输入变量全部为 1，输出才为 0。其逻辑符号如图 2-5（a）所示。

表 2-7　两输入变量与非逻辑真值表

Table 2-7　Truth table of two variables NAND logic

A	B	F
0	0	1
0	1	1
1	0	1
1	1	0

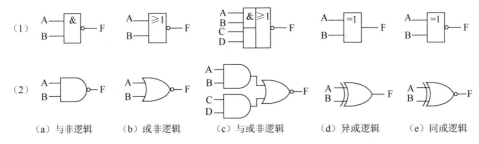

（a）与非逻辑　（b）或非逻辑　（c）与或非逻辑　（d）异或逻辑　（e）同或逻辑

图 2-5　复合逻辑符号

Fig. 2-5　Compound logical symbols

2. 或非逻辑（NOR Logic）

或非逻辑是**或**逻辑运算和非逻辑运算的复合，它是将输入变量先进行**或**运算，再进行非运算。其逻辑表达式为

$$F = \overline{A + B} \tag{2-5}$$

两输入变量**或非**逻辑真值表如表 2-8 所示。由真值表可见，对于**或非**逻辑，只要输入变

量中有一个为 1，输出就为 0。或者说，只有输入变量全部为 0，输出才为 1。其逻辑符号如图 2-5（b）所示。

表2-8　两输入变量或非逻辑真值表

Table2-8　Truth table of two variables NOR logic

A	B	F
0	0	1
0	1	0
1	0	0
1	1	0

3. 与或非逻辑（AND-NOR Logic）

与或非逻辑是与逻辑运算和或非逻辑运算的复合，它是先将输入变量 A、B 及 C、D 进行与运算，再进行或非运算。其逻辑表达式为

$$F = \overline{AB + CD} \tag{2-6}$$

四输入变量与或非逻辑真值表如表 2-9 所示。其逻辑符号如图 2-5（c）所示。

表2-9　四输入变量与或非逻辑真值表

Table2-9　Truth table of four variables AND-NOR logic

A	B	C	D	F
0	0	0	0	1
0	0	0	1	1
0	0	1	0	1
0	0	1	1	0
0	1	0	0	1
0	1	0	1	1
0	1	1	0	1
0	1	1	1	0
1	0	0	0	1
1	0	0	1	1
1	0	1	0	1
1	0	1	1	0
1	1	0	0	0
1	1	0	1	0
1	1	1	0	0
1	1	1	1	0

4. 异或逻辑（XOR Logic）

当两个输入变量 A、B 的取值相异时，输出变量 F 为 1；当两个输入变量 A、B 的取值相同时，输出变量 F 为 0，这种逻辑关系称为异或逻辑。其逻辑表达式为

$$F = A \oplus B = A\overline{B} + \overline{A}B \tag{2-7}$$

⊕ 是异或运算符号。其真值表如表 2-10 所示。其逻辑符号如图 2-5（d）所示。

异或运算的运算规则为

$$0 \oplus 0 = 0,\ 0 \oplus 1 = 1,\ 1 \oplus 0 = 1,\ 1 \oplus 1 = 0$$

由此可以推出一般形式为

$$A \oplus 1 = \overline{A} \qquad\qquad (2\text{-}8)$$
$$A \oplus 0 = A \qquad\qquad (2\text{-}9)$$
$$A \oplus \overline{A} = 1 \qquad\qquad (2\text{-}10)$$
$$A \oplus A = 0 \qquad\qquad (2\text{-}11)$$

5. 同或逻辑（XNOR Logic）

当两个输入变量 A、B 的取值相同时，输出变量 F 为 1；当两个输入变量 A、B 的取值相异时，输出变量 F 为 0，这种逻辑关系称为**同或**逻辑。其逻辑表达式为

$$F = A \odot B = \overline{A}\,\overline{B} + AB$$

⊙是**同或**运算符号。其真值表如表 2-11 所示。其逻辑符号如图 2-5（e）所示。

表 2-10　异或逻辑真值表

Table 2-10　XOR logic truth table

A	B	F
0	0	0
0	1	1
1	0	1
1	1	0

表 2-11　同或逻辑真值表

Table 2-11　XNOR logic truth table

A	B	F
0	0	1
0	1	0
1	0	0
1	1	1

同或运算的运算规则为

$$0 \odot 0 = 1, \ 0 \odot 1 = 0, \ 1 \odot 0 = 0, \ 1 \odot 1 = 1$$

由此可以推出一般形式为

$$A \odot 0 = \overline{A} \qquad\qquad (2\text{-}12)$$
$$A \odot 1 = A \qquad\qquad (2\text{-}13)$$
$$A \odot \overline{A} = 0 \qquad\qquad (2\text{-}14)$$
$$A \odot A = 1 \qquad\qquad (2\text{-}15)$$

由**异或**逻辑和**同或**逻辑的真值表可知，**异或**与**同或**逻辑正好相反，因此

$$A \odot B = \overline{A \oplus B} \qquad\qquad (2\text{-}16)$$
$$A \oplus B = \overline{A \odot B} \qquad\qquad (2\text{-}17)$$

有时又将**同或**逻辑称为**异或非**逻辑。

对于两变量来说，若两变量的原变量相同，则取非后两变量的反变量也相同；若两变量的原变量相异，则取非后两变量的反变量也必相异。因此，由**同或**逻辑和**异或**逻辑的定义可以得到

$$A \odot B = \overline{A} \odot \overline{B} \tag{2-18}$$

$$A \oplus B = \overline{A} \oplus \overline{B} \tag{2-19}$$

2.3　逻 辑 函 数（Logic Function）

2.3.1　逻辑问题的描述（Description of Logic Problem）

在实际问题中，上述的基本逻辑运算很少单独出现，经常是由基本逻辑运算构成复杂程度不同的逻辑函数。对于任何一个具体的二元逻辑问题，常常可以设定此问题产生的条件为输入逻辑变量，设定此问题产生的结果为输出逻辑变量，从而用逻辑函数来描述它。逻辑函数是由若干逻辑变量 A，B，C，D，…经过有限的逻辑运算所决定的输出 F。若输入逻辑变量 A，B，C，D，…确定以后，F 的值也就被唯一地确定了，则称 F 是 A，B，C，D，…的逻辑函数，记作 F = f(A，B，C，D，…)，即用一个逻辑表达式来表示。

下面以举重比赛的裁判规则为例说明逻辑函数的建立过程及它的描述方法。假设比赛规则为：一名主裁判和两名副裁判中，必须有两人以上（而且必须包括主裁判）认定运动员的动作合格，试举才算成功，否则不成功。我们用输入变量 A、B、C 分别代表一个主裁判和两个副裁判的认定结果，认为运动员的动作合格用 1 表示，不合格用 0 表示。用 F 表示运动员试举的结果，试举成功用 1 表示，不成功用 0 表示。那么就可以用表 2-12 描述这种函数关系。

表 2-12　举重裁判规则的真值表

Table 2-12　Truth table of weightlifting referee rules

输　　入			输　　出
A	B	C	F
0	0	0	0
0	0	1	0
0	1	0	0
0	1	1	1
1	0	0	0
1	0	1	1
1	1	0	1
1	1	1	1

在真值表的左边部分列出所有输入变量的全部组合。如果有 n 个**输入变量**（Input Variable），每个输入变量只有两种可能的取值，则一共有 2^n 个组合。右边部分列出每个输入组合下的相应**输出**（Output）。

由真值表可以方便地写出输出变量的逻辑表达式。通常有如下两种方法。

1. 与或表达式（AND-OR Expression）

将每个输出变量 F = 1 相对应的一组输入变量（A，B，C，…）的组合状态以逻辑乘的形式表示，用**原变量**（Natural Variable）形式表示变量取值 1，用**反变量**（Inverse Variable）形式表示变量取值 0，再将所有 F＝1 的逻辑乘进行逻辑加，即得出 F 的逻辑表达式，这种表达式称为**与或表达式**，或称为"**积之和**"式（Sum of Product Form）。

具体步骤如下：

（1）将真值表中**逻辑函数值**（Logic Function Value）为 **1** 的变量组合挑出来。

（2）若输入变量为 1，则写成原变量；若输入变量为 0，则写成反变量。

（3）将每个组合中各个变量相**与**，得到一个乘积项。

（4）将各乘积项相**或**，得到相应的逻辑表达式。

例如，三人表决电路可以按照如图 2-6 所示方式写出逻辑表达式。对应于 F＝1 的输入变量组合，有 A＝0、B＝1、C＝1，用逻辑乘 $\overline{A}BC$ 表示；有 A＝1、B＝0、C＝1，用逻辑乘 $A\overline{B}C$ 表示；有 A＝1、B＝1、C＝0，用逻辑乘 $AB\overline{C}$ 表示；有 A＝1、B＝1、C＝1，用逻辑乘 ABC 表示。对所有 F＝1 的逻辑乘进行逻辑加，得到逻辑表达式为 $F＝\overline{A}BC＋A\overline{B}C＋AB\overline{C}＋ABC$。这个表达式描述了举重比赛裁判的结果，即逻辑功能。

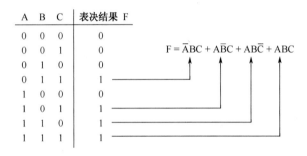

图 2-6　根据真值表写出与或表达式

Fig. 2-6　Write out AND-OR expression according to the truth table

2. 或与表达式（OR-AND Expression）

将真值表中 F＝0 的一组输入变量（A，B，C，…）的组合状态以逻辑加的形式表示，用原变量形式表示变量取值 0，用反变量形式表示变量取值 1，再将所有 F＝0 的逻辑加进行逻辑乘，可得出 F 的逻辑表达式，这种表达式称为**或与表达式**，又称为"**和之积**"式（Product of Sum Form）。

具体步骤如下：

（1）将真值表中逻辑函数值为 **0** 的变量组合挑出来。

（2）若输入变量为 1，则写成反变量；若输入变量为 0，则写成原变量。

（3）将每个组合中各个变量相**或**，得到一个和项。

（4）将各和项相**与**，得到相应的逻辑表达式。

依然以三人表决电路举例，可按照图 2-7 所示方法写出其或与表达式。对应于 F＝0 的输入变量组合，有 A＝0、B＝0、C＝0，用逻辑加（A＋B＋C）表示；有 A＝0、B＝0、C＝1，用逻辑加（A＋B＋$\overline{C}$）表示；有 A＝0、B＝1、C＝0，用逻辑加（A＋$\overline{B}$＋C）表示；有 A＝0、B＝1、C＝1，用逻辑加（A＋$\overline{B}$＋$\overline{C}$）表示；有 A＝1、B＝0、C＝0，用逻辑加（$\overline{A}$＋B＋C）表示。对所有 F＝0 的逻辑加进行逻辑乘，得到逻辑表达式为 $F＝(A＋B＋C)(A＋B＋\overline{C})(A＋\overline{B}＋C)(A＋\overline{B}＋\overline{C})(\overline{A}＋B＋C)$。这个**或与**表达式也同样描述了举重比赛裁判的结果（逻辑功能）。

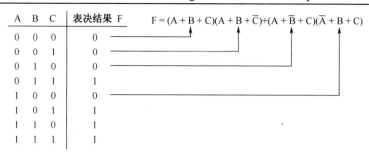

图 2-7　根据真值表写出或与表达式

Fig. 2-7　Write out OR-AND expression according to the truth table

2.3.2　逻辑函数相等（Logic Function Equality）

假设 $F(A_1, A_2, \cdots, A_n)$ 为变量 $A_1, A_2, \cdots, A_n$ 的逻辑函数，$G(A_1, A_2, \cdots, A_n)$ 为变量 $A_1, A_2, \cdots, A_n$ 的另一逻辑函数。如果对应于 $A_1, A_2, \cdots, A_n$ 的任一组状态组合，F 和 G 的值都相同，则称 F 和 G 是**等值的**（Equivalent），或者说 F 和 G 相等，记作 F = G。

如果 F = G，那么它们就应该有相同的真值表。反之，如果 F 和 G 的真值表相同，则 F = G。因此，要证明两个逻辑函数相等，只要把它们的真值表列出，如果完全一样，两个函数就相等。

例 2-1　设

$$F(A, B, C) = A(B + C)$$
$$G(A, B, C) = AB + AC$$

试证：F = G。

证明

为了证明 F = G，先根据 F 和 G 的逻辑表达式，列出它们的真值表，如表 2-13 所示，它是根据逻辑表达式对输入变量的各种取值组合进行逻辑运算，从而求出相应的函数值而得到的。

表 2-13　例 2-1 的真值表

Table 2-13　Truth table of example 2-1

A	B	C	F = A(B + C)	G = AB + AC
0	0	0	0	0
0	0	1	0	0
0	1	0	0	0
0	1	1	0	0
1	0	0	0	0
1	0	1	1	1
1	1	0	1	1
1	1	1	1	1

由表 2-13 可见，对应于 A、B、C 的任意一组取值组合，F 和 G 的值均完全相同，所以 F = G。

在"相等"的意义下，表达式 A(B + C) 和表达式 AB + AC 是表示同一逻辑功能的两种不同的表达式。实现 F 和 G 的逻辑电路如图 2-8 所示。由图可知，它们的结构形式和组成不同，但它们所具有的逻辑功能是完全相同的。

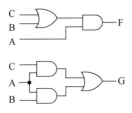

图 2-8   F 和 G 的逻辑电路

Fig. 2-8   Logic circuit of F and G

2.3.3   逻辑代数的常见公式（Common Formulas of Logic Algebra）

1. 关于变量（Variable）和常量（Constant）关系的公式

$A + 0 = A$	（2-20）	$A \cdot 1 = A$	（2-20*）
$A + 1 = 1$	（2-21）	$A \cdot 0 = 0$	（2-21*）
$A + \overline{A} = 1$	（2-22）	$A \cdot \overline{A} = 0$	（2-22*）
$A \odot 0 = \overline{A}$	（2-23）	$A \oplus 1 = \overline{A}$	（2-23*）
$A \odot 1 = A$	（2-24）	$A \oplus 0 = A$	（2-24*）
$A \odot \overline{A} = 0$	（2-25）	$A \oplus \overline{A} = 1$	（2-25*）

2. 交换律（Commutative Law）、结合律（Associative Law）、分配律（Distribution Law）

（1）交换律

$$A + B = B + A \tag{2-26}$$
$$A \cdot B = B \cdot A \tag{2-27}$$
$$A \odot B = B \odot A \tag{2-28}$$
$$A \oplus B = B \oplus A \tag{2-29}$$

（2）结合律

$$A + B + C = (A + B) + C \tag{2-30}$$
$$ABC = (AB)C \tag{2-31}$$
$$A \odot B \odot C = (A \odot B) \odot C \tag{2-32}$$
$$A \oplus B \oplus C = (A \oplus B) \oplus C \tag{2-33}$$

（3）分配律

$$A(B + C) = AB + AC \tag{2-34}$$
$$A + BC = (A + B)(A + C) \tag{2-35}$$
$$A(B \oplus C) = AB \oplus AC \tag{2-36}$$
$$A + (B \odot C) = (A + B) \odot (A + C) \tag{2-37}$$

---

*符号指对应公式的对偶式，详见 2.3.4 节。

3. 逻辑代数的一些特殊规律（Some Special Laws of Logic Algebra）

（1）**重叠律**（Overlap Law）

$$A + A = A \qquad (2\text{-}38)$$
$$A \cdot A = A \qquad (2\text{-}39)$$
$$A \odot A = 1 \qquad (2\text{-}40)$$
$$A \oplus A = 0 \qquad (2\text{-}41)$$

式（2-40）及式（2-41）可以推广为：**奇数**（Odd Number）个 A 重叠**同或**运算得 A，**偶数**（Even Number）个 A 重叠**同或**运算得 1，奇数个 A 重叠**异或**运算得 A，偶数个 A 重叠**异或**运算得 0。

（2）**反演律**（Inversion Law）

$$\overline{A + B} = \overline{A} \cdot \overline{B} \qquad (2\text{-}42)$$
$$\overline{AB} = \overline{A} + \overline{B} \qquad (2\text{-}43)$$
$$\overline{A \odot B} = A \oplus B \qquad (2\text{-}44)$$
$$\overline{A \oplus B} = A \odot B \qquad (2\text{-}45)$$

（3）**调换律**

同或、异或逻辑的特点还表现在变量的调换律。

同或调换律：若 $A \odot B = C$，则必有

$$A \odot C = B, \quad B \odot C = A \qquad (2\text{-}46)$$

异或调换律：若 $A \oplus B = C$，则必有

$$A \oplus C = B, \quad B \oplus C = A \qquad (2\text{-}47)$$

2.3.4 逻辑代数的基本规则（**Basic Rules of Logic Algebra**）

1. 代入规则（**Substitution Rule**）

任何一个含有变量 A 的逻辑表达式中，如果将逻辑表达式中所有出现 A 的位置，都代之以一个逻辑函数 F，则等式仍然成立。这个规则称为代入规则。

由于任何一个逻辑函数，它和一个逻辑变量一样，只有 0 和 1 两种取值，显然，代入规则是成立的。

例 2-2 已知 $\overline{A + B} = \overline{A} \cdot \overline{B}$，函数 $F = C + D$，若用 F 代替等式中的 B，则有

$$\overline{A + (C + D)} = \overline{A} \cdot \overline{(C + D)}$$
$$= \overline{A} \cdot \overline{C} \cdot \overline{D}$$

必须注意的是，在使用代入规则时，一定要把所有出现被代替变量的地方都代之以同一函数，否则不正确。

2. 反演规则（**Inversion Rule**）

设 F 是一个逻辑表达式，如果将 F 中所有的 "·"（注意：在逻辑表达式中，不致混淆的地方，"·"常被省略）变为 "+"，"+" 变为 "·"，"1" 变为 "0"，"0" 变为 "1"，原变量变为反变量,反变量变为原变量,运算顺序保持不变,即可得到函数 F 的**反函数**（Inverse Function）$\overline{F}$，或称**补函数**（Complement Function）。这就是反演规则。

利用反演规则可以方便地求得一个逻辑函数的反函数。

例 2-3　已知 $F = \overline{A} + \overline{B} + CD$，求它的反函数 $\overline{F}$。

解　由反演规则，得

$$\overline{F} = A \cdot B \cdot (\overline{C} + D)$$

例 2-4　已知 $F = AB\overline{C} + (A + \overline{B}D)(C + \overline{D} + E)$，求它的反函数 $\overline{F}$。

解　由反演规则，可得

$$\overline{F} = (\overline{A} + \overline{B} + C) \cdot \left[\overline{A}(B + \overline{D}) + \overline{C}D\overline{E} \right]$$

需要注意的是，在利用反演规则求反函数时，原来运算符号的顺序不能弄错，必须按照先与后**或**的顺序。因此，本例中的**或**项，要加括号。当与项变为**或**项时，也应加括号。例如，$A + \overline{B}D$ 求反后，应写为 $\overline{A}(B + \overline{D})$。

如果函数 $\overline{F}$ 是某一函数 G 的反函数，那么 F 也就是 $\overline{G}$ 的反函数，即 F 与 $\overline{G}$ 互为反函数。

3. 对偶规则（**Duality Rule**）

设 F 是一个逻辑表达式，如果将 F 中所有的"·"变为"+"，"+"变为"·"，"1"变为"0"，"0"变为"1"，则可得到一个新的逻辑表达式 F^*，F^* 称为 F 的对偶式。

例 2-5　已知 $F = \overline{A} + \overline{B} + CD$，求 F^* 的逻辑表达式。

解　　　　　　　　　　　　　$F^* = \overline{A} \cdot \overline{B} \cdot (C + D)$

例 2-6　$F = AB\overline{C} + (A + \overline{B}D)(C + \overline{D} + E)$，求 F^* 的逻辑表达式。

解　　　　　　　　　$F^* = (A + B + \overline{C}) \cdot \left[A(\overline{B} + D) + C\overline{D}E \right]$

如果 F^* 是 F 的对偶式，那么 F 是 F^* 的对偶式，即两个函数是互为对偶的。

若有两个函数相等，即 $F_1 = F_2$，则它们的对偶式也相等，$F_1^* = F_2^*$。等式的对偶式也相等，这就是对偶规则。

在使用对偶规则写函数的对偶式时，同样要注意运算符号的顺序。

本节中式（2-20）～式（2-25）与式（2-20*）～式（2-25*）互为对偶式。因此，这些公式只需记忆一半。

2.4　逻辑函数的标准形式
（ **Standard Expression of Logic Function** ）

逻辑函数的表达式可以有多种形式，但每个逻辑函数的标准表达式是唯一的。标准表达式有两种形式，即**标准与或式**（Standard AND-OR Formula）和**标准或与式**（Standard OR-AND Formula）。

2.4.1　标准与或式（**Standard AND-OR Formula**）

1. 最小项（**Minimum Term**）

在逻辑函数的**与或**表达式中，函数的展开式中的每一项都是由函数的全部变量组成的与项。逻辑函数的全部变量以原变量或反变量的形式出现，且仅出现一次，所组成的与项称为逻辑函数的最小项。

为了便于识别和书写，通常用 m_i 表示最小项。下标 i 是这样确定的：把最小项中的原变量记为 1，反变量记为 0，变量取值按顺序列成二进制数，那么这个二进制数的等值十进制数就是下标 i。表 2-14 所示为三变量的最小项和最大项，表 2-15 所示为四变量的最小项和最大项。

表 2-14 三变量的最小项和最大项

Table 2-14　Minimum term and maximum term of three variables

A	B	C	对应最小项（m_i）	对应最大项（M_i）
0	0	0	$\overline{A}\,\overline{B}\,\overline{C} = m_0$	$A + B + C = M_0$
0	0	1	$\overline{A}\,\overline{B}\,C = m_1$	$A + B + \overline{C} = M_1$
0	1	0	$\overline{A}\,B\,\overline{C} = m_2$	$A + \overline{B} + C = M_2$
0	1	1	$\overline{A}\,B\,C = m_3$	$A + \overline{B} + \overline{C} = M_3$
1	0	0	$A\,\overline{B}\,\overline{C} = m_4$	$\overline{A} + B + C = M_4$
1	0	1	$A\,\overline{B}\,C = m_5$	$\overline{A} + B + \overline{C} = M_5$
1	1	0	$A\,B\,\overline{C} = m_6$	$\overline{A} + \overline{B} + C = M_6$
1	1	1	$A\,B\,C = m_7$	$\overline{A} + \overline{B} + \overline{C} = M_7$

表 2-15 四变量的最小项和最大项

Table 2-15　Minimum term and maximum term of four variables

ABCD	对应最小项(m_i)	对应最大项（M_i）	ABCD	对应最小项（m_i）	对应最大项（M_i）
0 0 0 0	$\overline{A}\,\overline{B}\,\overline{C}\,\overline{D} = m_0$	$A + B + C + D = M_0$	1 0 0 0	$A\,\overline{B}\,\overline{C}\,\overline{D} = m_8$	$\overline{A} + B + C + D = M_8$
0 0 0 1	$\overline{A}\,\overline{B}\,\overline{C}\,D = m_1$	$A + B + C + \overline{D} = M_1$	1 0 0 1	$A\,\overline{B}\,\overline{C}\,D = m_9$	$\overline{A} + B + C + \overline{D} = M_9$
0 0 1 0	$\overline{A}\,\overline{B}\,C\,\overline{D} = m_2$	$A + B + \overline{C} + D = M_2$	1 0 1 0	$A\,\overline{B}\,C\,\overline{D} = m_{10}$	$\overline{A} + B + \overline{C} + D = M_{10}$
0 0 1 1	$\overline{A}\,\overline{B}\,C\,D = m_3$	$A + B + \overline{C} + \overline{D} = M_3$	1 0 1 1	$A\,\overline{B}\,C\,D = m_{11}$	$\overline{A} + B + \overline{C} + \overline{D} = M_{11}$
0 1 0 0	$\overline{A}\,B\,\overline{C}\,\overline{D} = m_4$	$A + \overline{B} + C + D = M_4$	1 1 0 0	$A\,B\,\overline{C}\,\overline{D} = m_{12}$	$\overline{A} + \overline{B} + C + D = M_{12}$
0 1 0 1	$\overline{A}\,B\,\overline{C}\,D = m_5$	$A + \overline{B} + C + \overline{D} = M_5$	1 1 0 1	$A\,B\,\overline{C}\,D = m_{13}$	$\overline{A} + \overline{B} + C + \overline{D} = M_{13}$
0 1 1 0	$\overline{A}\,B\,C\,\overline{D} = m_6$	$A + \overline{B} + \overline{C} + D = M_6$	1 1 1 0	$A\,B\,C\,\overline{D} = m_{14}$	$\overline{A} + \overline{B} + \overline{C} + D = M_{14}$
0 1 1 1	$\overline{A}\,B\,C\,D = m_7$	$A + \overline{B} + \overline{C} + \overline{D} = M_7$	1 1 1 1	$A\,B\,C\,D = m_{15}$	$\overline{A} + \overline{B} + \overline{C} + \overline{D} = M_{15}$

最小项具有如下 3 个主要性质。

（1）对于任何一个最小项，只有一组变量取值使最小项的值为 1。

（2）任意两个不同的最小项之积必为 0，即

$$m_i m_j = 0, \quad i \neq j$$

（3）n 个变量的所有 2^n 个最小项之和必为 1，即

$$\sum_{i=0}^{2^n-1} m_i = 1$$

式中，符号 $\sum$ 表示 2^n 个最小项求和。

2．标准与或式

全部由最小项之和组成的与或式，称为标准与或式，又称标准积之和式（Standard Sum of Product Form）或最小项表达式（Minimum Term Expression）。下面介绍获得逻辑函数标准与

式的两种方法。

（1）利用基本公式 $A + \overline{A} = 1$，可以把缺少变量 A 的乘积项拆为两个包含 A 和 $\overline{A}$ 的乘积项之和。

例 2-7 写出三变量 A、B、C 的逻辑函数 $F = A\overline{B} + \overline{A}C + BC$ 的标准与或式。

解

$$F = A\overline{B} + \overline{A}C + BC$$
$$= A\overline{B}(C + \overline{C}) + \overline{A}C(B + \overline{B}) + BC(A + \overline{A})$$
$$= A\overline{B}C + A\overline{B}\overline{C} + \overline{A}BC + \overline{A}\overline{B}C + ABC + \overline{A}BC$$
$$= \overline{A}\overline{B}C + \overline{A}BC + A\overline{B}\overline{C} + A\overline{B}C + ABC$$

所以 $F(A,B,C) = m_1 + m_3 + m_4 + m_5 + m_7 = \sum m(1,3,4,5,7)$。

注意，由表 2-14 和表 2-15 可知，m_i 不仅和变量的顺序有关，也和变量的数目有关。因此，用 m_i 表示标准与或式时，要写明逻辑函数由哪些变量组成。

（2）由真值表求标准与或式。任何一个逻辑函数都可以用真值表描述，真值表中的每一行都是一个最小项，所以只要将真值表中输出函数为 1 的最小项相加，就可以得到此函数的标准与或式。

如图 2-6 所示的三人表决电路也可以写成最小项表达式：

$$F(A,B,C) = m_3 + m_5 + m_6 + m_7 = \sum m(3,5,6,7)$$

由于任何一个逻辑函数的真值表是唯一的（Unique），因此它的标准与或式也是唯一的。

2.4.2　标准或与式（Standard OR-AND Formula）

1. 最大项（Maximum Term）

由逻辑函数的全部变量以原变量或反变量的形式出现，且仅出现一次所组成的或项称为逻辑函数的最大项，用 M_i 表示。M 的下标 i 是这样确定的：把最大项中的原变量记为 0，反变量记为 1，变量取值按顺序排列成二进制数，这个二进制数的等值十进制数就是下标 i。在由真值表写最大项时，变量取值为 0 写原变量，变量取值为 1 写反变量。表 2-14 中列有三变量的所有最大项，表 2-15 中列有四变量的所有最大项。

例如，一个三变量 F(A, B, C)的最大项 $A + B + \overline{C}$ 表示为 M_1，$\overline{A} + \overline{B} + C$ 表示为 M_6。

最大项具有下列三个主要性质。

（1）对于任意一个最大项，只有一组变量取值可使其取值为 0。

（2）任意两个最大项之和必为 1，即 $M_i + M_j = 1$（$i \neq j$）。

（3）n 个变量的所有 2^n 个最大项之积必为 0，即 $\prod\limits_{i=0}^{2^n-1} M_i = 0$。

式中，符号 $\prod$ 表示 2^n 个最大项求积。

2. 标准或与式

全部由最大项之积组成的逻辑表达式称为标准或与式，又称标准和之积式（Standard Product of Sum Form），或称最大项表达式（Maximum Term Expression）。

例 2-8 写出三变量 A、B、C 的逻辑函数 $F = AB + AC + BC$ 的标准或与式。

解

$$F = AB + AC + BC$$
$$= (AB + AC + B)(AB + AC + C)$$
$$= (B + AC)(C + AB)$$
$$= (B + A)(B + C)(A + C)(B + C)$$
$$= (A + B)(A + C)(B + C)$$
$$= (A + B + C\overline{C})(A + B\overline{B} + C)(A\overline{A} + B + C)$$
$$= (A + B + C)(A + B + \overline{C})(A + B + C)(A + \overline{B} + C)(A + B + C)(\overline{A} + B + C)$$
$$= (A + B + C)(A + B + \overline{C})(A + \overline{B} + C)(\overline{A} + B + C)$$

所以 $F(A,B,C) = M_0 M_1 M_2 M_4 = \prod M(0,1,2,4)$。

任何一个逻辑函数都可以用真值表描述，由真值表写出的**或与式**，也是 F 的最大项表达式。

3. 最小项与最大项的关系（**Relationship Between the Minimum Term and the Maximum Term**）

由最小项和最大项的定义可知，对三变量 A、B、C，有

$$\overline{m_0} = \overline{\overline{A}\,\overline{B}\,\overline{C}} = A + B + C = M_0$$

$$\overline{m_7} = \overline{ABC} = \overline{A} + \overline{B} + \overline{C} = M_7$$

同样，有 $\overline{M_0} = \overline{A + B + C} = \overline{A}\,\overline{B}\,\overline{C} = m_0$，　$\overline{M_7} = \overline{\overline{A} + \overline{B} + \overline{C}} = ABC = m_7$。

推广到任意变量的函数，$\overline{m_i} = M_i$，$\overline{M_i} = m_i$，即下标相同的最小项和最大项互为反函数。

2.5　逻辑函数的化简方法
（**Simplification Method of Logic Function**）

在进行逻辑设计时，根据逻辑问题归纳出来的逻辑表达式往往不是**最简的**（Simplest）逻辑表达式，并且可以有多种不同的形式。一种形式的逻辑表达式对应于一种逻辑电路，尽管它们的形式不同，但其逻辑功能是相同的。逻辑表达式有繁有简，相应的逻辑电路也有繁有简。

为使实现给定逻辑功能的电路简单（Simple）、**经济**（Economic）、**快速**（Quick）、**可靠**（Reliable），就要寻找最佳逻辑表达式。因此，逻辑函数的化简就成为逻辑设计的一个关键问题。因为逻辑表达式越简单，所设计的电路不仅越简单、经济，而且出现故障的可能性越小，可靠性越高，电路的级数越少，工作速度也可以越快。

在逻辑函数的各种表达式中，**与或**表达式和**或与**表达式是最基本的，其他形式的表达式都可由它们变换得到。这里将主要从**与或**表达式出发讨论逻辑函数的化简方法，逻辑函数的**化简**（Simplification）没有一个严格标准可以遵循，一般从以下几个方面考虑。

（1）逻辑函数中包含的**项数**（Number of Items）（**与项**或者**或项**）最少，逻辑电路所用门**数**（Number of Gates）就最少。

（2）逻辑函数中的每项包含的**变量数**（Number of Variables）最少，各个门的**输入端数**

（Number of Inputs）就最少。

（3）逻辑电路从输入到输出的级数最少，可以减少电路的**延迟**（Delay）。

（4）逻辑电路能可靠地工作。

前两条是从降低成本考虑的，第（3）条是为了提高工作速度，第（4）条考虑电路的可靠性问题。而这几条有时是矛盾的。在实际应用中，应兼顾各方面指标，还要看设计要求。本书以"函数的项数和每项的变量数最少"作为逻辑函数化简的目标，其他指标根据设计要求再具体考虑。

2.5.1　逻辑函数的公式化简法（Formula Simplification Method of Logic Function）

公式化简法的原理是利用逻辑代数中的基本公式和常用公式消去逻辑函数中**多余的**（Redundant）乘积项和多余的因子，得到**最简形式**（Minimalist Form）。常用的方法有如下几种。

1．并项法（Consolidation Method）

运用基本公式 $A + \overline{A} = 1$，将两项合为一项，消去 A 和 $\overline{A}$ 这对因子。

例 2-9　试用并项法化简 $F = A(BC + \overline{B}\,\overline{C}) + A(B\overline{C} + \overline{B}C)$。

解

$$F = A(BC + \overline{B}\,\overline{C}) + A(B\overline{C} + \overline{B}C) = ABC + A\overline{B}\,\overline{C} + AB\overline{C} + A\overline{B}C$$
$$= AC(B + \overline{B}) + A\overline{C}(B + \overline{B}) = AC + A\overline{C} = A$$

2．吸收法（Absorption Method）

运用公式 $A + AB = A$ 可将 AB 消去，吸收了多余项。

例 2-10　试用吸收法化简 $F = AC + A\overline{B}CD + ABC + \overline{C}D$。

解

$$F = AC + A\overline{B}CD + ABC + \overline{C}D = AC + \overline{C}D$$

3．消因子法（Factor Elimination Method）

运用公式 $A + \overline{A}B = A + B$ 可将 $\overline{A}B$ 中的因子 $\overline{A}$ 消去。

例 2-11　试利用消因子法化简 $F = AB + \overline{A}C + \overline{B}C$。

解

$$F = AB + \overline{A}C + \overline{B}C$$
$$= AB + (\overline{A} + \overline{B})C$$
$$= AB + \overline{AB}C$$
$$= AB + C$$

4．消项法（Elimination Method）

运用公式 $AB + \overline{A}C + BC = AB + \overline{A}C$ 或 $AB + \overline{A}C + BCD = AB + \overline{A}C$ 将冗余项 BC 或者 BCD 消去。

例 2-12 试利用消项法化简 $F = A\overline{B} + A\overline{C} + CD + AD$ 。

解

$$F = A\overline{B} + A\overline{C} + CD + AD = A\overline{B} + (A\overline{C} + CD + AD) = A\overline{B} + A\overline{C} + CD$$

5．配项法（Matching Method）

（1）利用公式 $A + \overline{A} = 1$ 将逻辑表达式中某一项乘以所缺变量的正反变量的和。例如，缺变量 B，此项就乘以（$B + \overline{B}$）。拆成两项然后分别与其他项合并，达到化简的目的。

例 2-13 试化简逻辑函数 $F = A\overline{B} + B\overline{C} + \overline{B}C + \overline{A}B$ 。

解

方法一：

$$\begin{aligned}
F &= A\overline{B} + B\overline{C} + \overline{B}C + \overline{A}B \\
&= A\overline{B}(C + \overline{C}) + B\overline{C}(A + \overline{A}) + \overline{B}C + \overline{A}B \\
&= A\overline{B}C + A\overline{B}\overline{C} + AB\overline{C} + \overline{A}B\overline{C} + \overline{B}C + \overline{A}B \\
&= (A\overline{B}C + \overline{B}C) + (A\overline{B}\overline{C} + AB\overline{C}) + (\overline{A}B\overline{C} + \overline{A}B) \\
&= \overline{B}C + A\overline{C} + \overline{A}B
\end{aligned}$$

方法二：

$$\begin{aligned}
F &= A\overline{B} + B\overline{C} + \overline{B}C + \overline{A}B \\
&= A\overline{B} + B\overline{C} + \overline{B}C(A + \overline{A}) + \overline{A}B(C + \overline{C}) \\
&= A\overline{B} + B\overline{C} + A\overline{B}C + \overline{A}\overline{B}C + \overline{A}BC + \overline{A}B\overline{C} \\
&= (A\overline{B} + A\overline{B}C) + (B\overline{C} + \overline{A}B\overline{C}) + (\overline{A}\overline{B}C + \overline{A}BC) \\
&= A\overline{B} + B\overline{C} + \overline{A}C
\end{aligned}$$

由上述两种方法化简，可以得到两个不同的结果，这说明最简式不是唯一的。

（2）利用公式 $A + A = A$，在逻辑表达式中重复写入某一项，达到化简的目的。

例 2-14 试化简逻辑函数 $F = A\overline{B}\overline{C} + \overline{A}\overline{B}C + A\overline{B}C + ABC$ 。

解

$$\begin{aligned}
F &= A\overline{B}\overline{C} + \overline{A}\overline{B}C + A\overline{B}C + ABC \\
&= (A\overline{B}\overline{C} + A\overline{B}C) + (\overline{A}\overline{B}C + A\overline{B}C) + (A\overline{B}C + ABC) \\
&= A\overline{B} + \overline{B}C + AC
\end{aligned}$$

（3）利用公式 $AB + \overline{A}C = AB + \overline{A}C + BC$，在逻辑表达式中增加 BC 项，再与其他乘积项进行合并，以达到化简的目的。

例 2-15 试化简逻辑函数 $F = A\overline{B} + B\overline{C} + \overline{B}C + \overline{A}B$ 。

解

$$\begin{aligned}
F &= A\overline{B} + B\overline{C} + \overline{B}C + \overline{A}B \\
&= A\overline{B} + B\overline{C} + \overline{B}C(A + \overline{A}) + \overline{A}B(C + \overline{C}) \\
&= A\overline{B} + B\overline{C} + A\overline{B}C + \overline{A}\overline{B}C + \overline{A}BC + \overline{A}B\overline{C} \\
&= A\overline{B} + B\overline{C} + \overline{A}C
\end{aligned}$$

在实际化简逻辑函数时，往往综合运用上述多种方法，从而达到化简的目的。

利用公式化简法化简逻辑函数的优点是简单方便，没有局限性，对任何类型、任何变量数的表达式都适用。但是它的缺点也较为明显，需要熟练掌握和运用公式，并且有一定的技巧。更重要的一点是，公式化简法往往不易判断化简后的结果是否是最简的。只有多做练习，积累经验，才能做到熟能生巧，较好地掌握公式化简法。

2.5.2 卡诺图化简法（Karnaugh Map Simplification Method）

1. 卡诺图（Karnaugh Map）

前面已经提到，用真值表可以描述一个逻辑函数。但是，直接把真值表作为运算工具十分不方便。1953 年，美国贝尔实验室的电信工程师莫里斯·卡诺（Maurice Karnaugh）发明了卡诺图，也称 K 图。如果将真值表变换成方格图的形式，**按循环码**（Cyclic Code）的规则来排列变量的取值组合，所得的真值图称为卡诺图。利用卡诺图，可以十分方便地对逻辑函数进行简化，通常称为**图解法**（Graphic Method）或者卡诺图法。

逻辑函数的卡诺图是真值表的图形表示法。它将逻辑函数的逻辑变量分为行、列两组纵横排列，两组变量数最多差一个。每组变量的取值组合按循环码规律排列。这种反映变量取值组合与函数值关系的方格图，称为逻辑函数的卡诺图。循环码是相邻两组之间只有一个变量值不同的编码，例如，2 个变量 4 种取值组合按 00→01→11→10 排列。必须注意，这里的相邻包括头、尾两组，即 10 与 00 也是相邻的。当变量增多时，每组变量可能含有 3 个或 3 个以上的变量。表 2-16 所示为 2～4 个变量的循环码，从这个表可以看出循环码排列的规律。如果是 n 个变量，则一共有 2^n 个取值组合。其最低位变量取值按 0110 重复排列；次低 1 位按00111100 重复排列；再前 1 位按 0000111111110000 重复排列；以此类推，最高 1 位变量的取值是 2^{n-1} 个连 0 和 2^{n-1} 个连 1 排列。这样可以得到 2^n 个取值组合的循环码排列。

表 2-16　2～4 个变量的循环码
Table 2-16　Cyclic codes with 2～4 variables

A	B	A	B	C	A	B	C	D
0	0	0	0	0	0	0	0	0
0	1	0	0	1	0	0	0	1
1	1	0	1	1	0	0	1	1
1	0	0	1	0	0	0	1	0
		1	1	0	0	1	1	0
		1	1	1	0	1	1	1
		1	0	1	0	1	0	1
		1	0	0	0	1	0	0
					1	1	0	0
					1	1	0	1
					1	1	1	1
					1	1	1	0
					1	0	1	0
					1	0	1	1
					1	0	0	1
					1	0	0	0

图 2-9（a）和图 2-9（b）分别是三变量和四变量卡诺图的一般形式。三变量卡诺图共有

$2^3 = 8$ 个小方格，每个小方格对应三变量真值表中的一个取值组合。因此，每个小方格也就相当于真值表中的一个最小项。在图 2-9（a）和图 2-9（b）中，每个小方格中填入了对应最小项的代号。比较三变量最小项表（表 2-14）和图 2-9（a）及四变量最小项表（表 2-15）和图 2-9（b），可以看出，卡诺图与真值表只是形式不同而已。

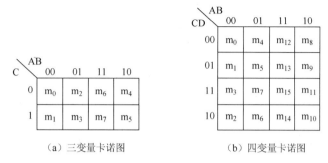

（a）三变量卡诺图　　　　　　（b）四变量卡诺图

图 2-9　三变量和四变量的卡诺图

Fig. 2-9　Karnaugh map of three-variable and four-variable functions

2. 用卡诺图表示逻辑函数的方法（Method of Expressing Logic Function with Karnaugh Map）

由于任意一个 n 变量的逻辑函数都可以变换成最小项表达式，而 n 变量的卡诺图包含 n 变量的所有最小项，因此 n 变量的卡诺图可以表示 n 变量的任意一个逻辑函数。例如，表示一个三变量的逻辑函数 $F(A, B, C) = \sum m\,(3, 5, 6, 7)$，可以在三变量卡诺图的 m_3、m_5、m_6、m_7 的小方格中加以标记，一般是在三变量卡诺图对应的 m_3、m_5、m_6、m_7 的小方格中填 1，其余各小方格填 0。填 1 的小方格称为 1 格，填 0 的小方格称为 0 格，如图 2-10 所示。1 格的含义是，当函数的变量取值与该小方格的最小项相同时，函数值为 1。

对于一个非标准的逻辑表达式（即不是最小项表达式），通常将逻辑函数变换成最小项表达式再填图。例如：

$$F = ABD + ACD + \overline{A}C$$
$$= ABCD + AB\overline{C}D + ABCD + A\overline{B}CD + \overline{A}BCD + \overline{A}BC\overline{D} + \overline{A}\,\overline{B}CD + \overline{A}\,\overline{B}C\overline{D}$$

即 $F(A, B, C, D) = \sum m\,(2, 3, 6, 7, 11, 13, 15)$。

在四变量卡诺图相对应的小方格中填 1，如图 2-11 所示。

C＼AB	00	01	11	10
0	0	0	1	0
1	0	1	1	1

图 2-10　卡诺图标记法

Fig. 2-10　Karnaugh map marking method

CD＼AB	00	01	11	10
00	0	0	0	0
01	0	0	1	0
11	1	1	1	1
10	1	1	0	0

图 2-11　$F(A, B, C, D) = \sum m\,(2, 3, 6, 7, 11, 13, 15)$的卡诺图

Fig. 2-11　The Karnaugh map of $F(A, B, C, D) = \sum m\,(2, 3, 6, 7, 11, 13, 15)$

有些逻辑函数变换成最小项表达式时十分烦琐，可以采用**直接观察法**（Direct Observation Method）。观察法的基本原理是，在逻辑函数**与或**式中，乘积项中只要有一个变量因子的值为0，该乘积项就为0；只有所有变量因子值全部为1，该乘积项才为1。如果乘积项没有包含全部变量（非最小项），只要乘积项现有变量因子能满足使该乘积项为1的条件，该乘积项就为1。例如，$F = \overline{ABC} + \overline{C}D + BD$，该逻辑函数为四变量函数，第1个乘积项 $\overline{ABC}$ 缺少变量D，只要变量A、B、C取值 A = 0、B = 1、C = 0，不论D取值为1或0，均满足 $\overline{ABC} = 1$。因此，在卡诺图中，对应 A = 0、B = 1、C = 0 的两个小方格，即 $\overline{A}B\overline{C}\overline{D}$、$\overline{A}B\overline{C}D$ 均可填1，如图2-12中的 m_4 和 m_5 中的1；第2个乘积项 $\overline{C}D$，在卡诺图上对应 C = 0、D = 1 有4个小方格，即 $\overline{A}\overline{B}\overline{C}D$、$\overline{A}B\overline{C}D$、$A\overline{B}\overline{C}D$、$AB\overline{C}D$ 均可填1，如图2-12中的 m_1、m_5、m_9、m_{13} 中的1；第3个乘积项 BD，对应 B = 1、D = 1 有4个小方格，均可填1，如图2-12中的 m_5、m_7、m_{13}、m_{15} 中的1。这样就得到表示函数 $F = \overline{ABC} + \overline{C}D + BD$ 的卡诺图，如图2-12所示。

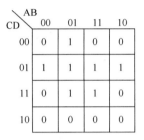

图 2-12　$F = \overline{ABC} + \overline{C}D + BD$ 的卡诺图

Fig. 2-12　The Karnaugh map of $F = \overline{ABC} + \overline{C}D + BD$

3. 利用卡诺图合并最小项的规律（The Law of Merging Minimum Terms by Karnaugh Map）

在用公式化简法化简逻辑函数时，常利用公式 $AB + A\overline{B} = A$ 将两个乘积项合并。该公式表明，如果一个变量分别以原变量和反变量的形式在两个乘积项中，而这两个乘积项的其余部分完全相同，那么这两个乘积项可以合并为一项，它由相同部分的变量组成。

由于卡诺图的变量取值组合按循环码的规律排列，使处在相邻位置的最小项都只有一个变量表现出取值0和1的差别，因此，凡是在卡诺图中处于相邻位置的最小项均可以合并。

图2-13所示为两个相邻项合并的例子。在图2-13（a）中，两个相邻项 $\overline{A}\overline{B}C$ 和 $\overline{A}BC$ 在变量B上出现了差别，因此这两项可以合并为一项 $\overline{A}C$，消去变量B。在卡诺图上，把能合并的两项圈在一起，合并项由圈内没有0、1变化的那些变量组成。两个相邻的1格圈在一起，只有一个变量表现出0、1变化，因此合并项由 $n-1$ 个变量组成，如图2-13（b）和图2-13（c）中的 $\overline{B}\overline{C}$、AB等合并项。

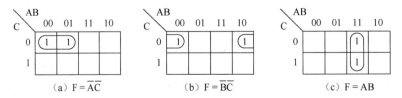

图 2-13　两个相邻项合并的例子

Fig. 2-13　Examples of merging two adjacent terms

图 2-14 所示为三变量卡诺图 4 个相邻 1 格合并的例子。图 2-15 所示为四变量卡诺图 4 个相邻 1 格合并的例子。

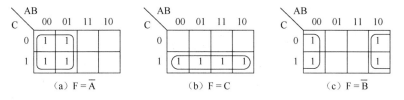

图 2-14　三变量卡诺图 4 个相邻项合并的例子

Fig. 2-14　Examples of merging four adjacent terms in three-variable Karnaugh map

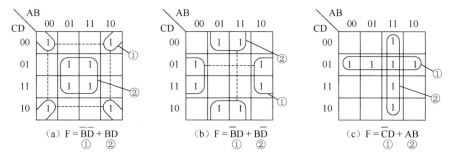

图 2-15　四变量卡诺图 4 个相邻项合并的例子

Fig. 2-15　Examples of merging four adjacent terms in four-variable Karnaugh map

4 个相邻 1 格圈在一起，可以合并为一项，圈中有两个变量表现出有 0、1 的变化，因此合并项由 $n-2$ 个变量组成。在 4 个 1 格合并时，尤其要注意首、尾相邻 1 格和四角的相邻 1 格，如图 2-14（c）、图 2-15（a）中的①和图 2-15（b）。

图 2-16 所示为 8 个相邻 1 格合并的例子。合并乘积项由 $n-3$ 个变量构成。

可以看出，在卡诺图中合并最小项，将图中相邻 1 格加圈标志，每个圈内必须包含 2^i 个相邻 1 格（注意卡诺图的首、尾及四角的最小项方格也相邻）。在 n 变量的卡诺图中，2^i 个相邻 1 格圈在一起，圈内有 i 个变量有 0、1 变化，合并后乘积项由 $n-i$ 个没有 0、1 变化的变量组成。

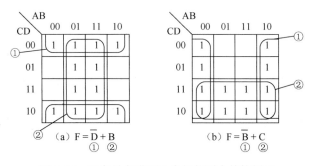

图 2-16　四变量卡诺图 8 个相邻项合并的例子

Fig. 2-16　Examples of merging eight adjacent terms in four-variable Karnaugh map

4．利用卡诺图化简逻辑函数

在了解卡诺图合并最小项的规律以后，就不难对逻辑函数用卡诺图进行化简了。在卡诺图上化简逻辑函数时，采用圈合并最小项的方法，函数化简后乘积项的数目等于合并圈的数目，每个乘积项所含变量因子的数目，取决于合并圈的大小，每个合并圈应尽可能扩大。

为了说明在卡诺图上化简逻辑函数的方法，下面先说明几个概念。

（1）主要项（Major Item）：在卡诺图中，把 2^i 个相邻 1 格合并，如果合并圈不能再扩大（再扩大将包括卡诺图中的 0 格）。这样的圈得到的合并乘积项称为主要项，有的书中称之为素项或本原蕴含项。图 2-17（a）中的 $\overline{AC}$ 和 ABC 都是主要项；图 2-17（b）中的 $\overline{AC}$ 不是主要项，因为 $\overline{AC}$ 圈还可以扩大，$\overline{A}$ 才是主要项。因此也可以说，主要项的圈不被更大的圈所覆盖。

（2）必要项（Required Item）：凡是主要项圈中至少有一个"特定"的 1 格没有被其他主要项所覆盖，这个主要项就称为必要项或实质主要项。例如，图 2-17（a）中的 $\overline{AC}$ 和（b）中的 $\overline{A}$；图 2-18（a）中的 $\overline{AC}$、$\overline{AB}$，（b）中的 $\overline{AC}$、BC 都是必要项。逻辑函数最简式中的乘积项都是必要项。必要项在有些书中称为实质素项或实质本原蕴含项。

（3）多余项（Superfluous Item）：一个主要项圈如果不包含"特定"1 格，也就是说，它所包含的 1 格均被其他主要项圈所覆盖，这个主要项就是多余项，有的书中称为冗余项。如图 2-18（b）中的 $\overline{AB}$，它所包含的两个 1 格分别被 $\overline{AC}$、BC 圈所覆盖，因此它是一个多余项。

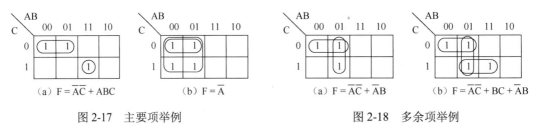

图 2-17　主要项举例　　　　　　　　　　　　图 2-18　多余项举例

Fig. 2-17　Examples of major items　　　　　Fig. 2-18　Examples of superfluous items

用卡诺图化简逻辑函数的步骤（Steps of Simplifying Logic Function with Karnaugh Map）如下。

（1）将逻辑函数化为最小项之和的形式。

（2）作出所要化简函数的卡诺图。

（3）圈出所有没有相邻项的孤立 1 格主要项。

（4）找出只有一种圈法，即只有一种合并可能的 1 格，从它出发把相邻 1 格圈起来（包括 2^i 个 1 格），构成主要项。

（5）余下没有被覆盖的 1 格均有两种或两种以上合并的可能，可以选择其中一种合并方式加圈合并，直至使所有 1 格无遗漏地都至少被圈一次，而且总圈数最少。

（6）将全部必要项包围圈的公因子相加，得最简与或表达式。

例 2-16　用卡诺图化简法将下式化简为最简与或表达式：

$$F = A\overline{C} + \overline{A}C + B\overline{C} + \overline{B}C$$

解

先画出表示逻辑函数 F 的卡诺图，如图 2-19 所示。

在填写 F 的卡诺图时，并不一定要将 F 化为最小项之和的形式。例如，式中的 $A\overline{C}$ 项包含所有 $A\overline{C}$ 因子的最小项，而不管另一个因子是 B 还是 $\overline{B}$。从另一个角度讲，也可以理解为 $A\overline{C}$ 是 $AB\overline{C}$ 和 $A\overline{B}\overline{C}$ 两个最小项相加合并的结果。因此，可以直接在卡诺图上将所有对应 A = 1，C = 0 的空格里填入 1。按照这种方法，就可以省去将 F 化为最小项之和这一步骤。

再找出可以合并的最小项，将可能合并的最小项用圈圈出。如图 2-19（a）和（b）所示，有两种可以合并最小项的方案。按照图 2-19（a）的方案合并最小项，得

$$F = A\overline{B} + \overline{A}C + B\overline{C}$$

而按照图 2-19（b），得

$$F = A\overline{C} + \overline{B}C + AB$$

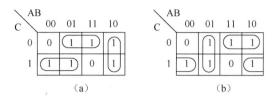

图 2-19　例 2-16 的卡诺图

Fig. 2-19　Karnaugh map of example 2-16

这两个化简结果都符合最简**与或**表达式的标准。

此例表明，有时逻辑函数的化简结果不是唯一的。

例 2-17　用卡诺图化简法将下式化简为最简**与或**表达式：

$$F = ABC + ABD + A\overline{C}D + \overline{C}D + A\overline{B}C + \overline{A}C\overline{D}$$

解

先画出 F 的卡诺图，如图 2-20 所示。再将可能合并的最小项画出，并按照卡诺图化简原则选择**与或**表达式中的乘积项。由图可见，应将图中上边 4 个、下边 4 个共 8 个最小项合并，同时将右边 8 个最小项合并，每个圈内包含的最小项要尽量多，圈的个数要尽量少，圈之间可存在交集，于是得到 $F = A + \overline{D}$。

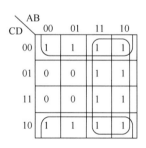

图 2-20　例 2-17 的卡诺图

Fig. 2-20　Karnaugh map of example 2-17

在上面的两个例子中，都是通过合并卡诺图中的 1 求得化简结果的。但有时也可以通过合并卡诺图中的 0，先求得 $\overline{F}$ 的化简结果，再将 $\overline{F}$ 求反得到 F。这种方法所依据的原理是，由于全部最小项之和为 1，因此若将全部最小项之和分成两部分，一部分是卡诺图中填入 1 的那些最小项之和记为 F，则根据 $F + \overline{F} = 1$ 可知，其余部分是卡诺图中填入 0 的那些最小项之和必为 $\overline{F}$。

在多变量逻辑函数的卡诺图中，当 0 的数目远小于 1 的数目时，采用合并 0 的方法有时会比合并 1 更简单。在上例中，如果将 0 合并，则可得到

$$\overline{F} = \overline{A}D，\qquad F = \overline{\overline{F}} = \overline{\overline{A}D} = A + \overline{D}$$

与合并 1 得到的化简结果一致。

5. 任意项的使用（Use of Arbitrary Term）

任意项是指在一个逻辑函数中，变量的某些取值组合不会出现，或者逻辑函数在变量的某些取值组合时输出不确定，可能为 0，也可能为 1，这样的变量的取值组合（最小项）称为任意项，有的书中称之为**约束项**（Constraint Item）、**随意项**（Casual Item）。具有任意项的逻辑函数称为**非完全描述的逻辑函数**（Incomplete Description of Logic Function）。对非完全描述的逻辑函数，合理地利用任意项，常能使逻辑表达式进一步简化。

在卡诺图中用×表示任意项。在化简逻辑函数时，既可以认定它是 1，也可以认定它是 0。

例 2-18　化简具有任意项的以下逻辑函数：

$$F = \overline{A}\overline{B}\overline{C}D + \overline{A}BCD + A\overline{B}\overline{C}D$$

给定的约束条件为

$$AB\overline{C}\overline{D} + \overline{A}B\overline{C}D + ABCD + ABC\overline{D} + A\overline{B}C\overline{D} = 0$$

解

如图 2-21 所示，如果不利用任意项，则 F 已无法化简。利用任意项后，可以得到

$$F = \overline{B}\overline{C} + \overline{A}C$$

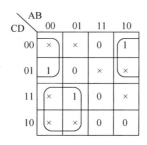

图 2-21　例 2-18 的卡诺图

Fig. 2-21　Karnaugh map of example 2-18

在上例中，可以将带任意项的逻辑表达式写为

$$F(A, B, C, D) = \sum m\,(1, 7, 8) + \sum d\,(0,2,3,4,6,9,11,13)$$

式中，$\sum d$ 后面表示任意项。

根据约束条件，m_5、m_{10}、m_{12}、m_{14} 和 m_{15} 为 0，那么 m_0、m_2、m_3、m_4、m_6、m_9、m_{11} 和 m_{13} 既可能为 0 也可能为 1，它们是任意项。现利用任意项对 F 进行卡诺图法化简，化简的原则是，凡是 1 格都必须加圈覆盖，凡是 0 格都不能被覆盖；任意项在卡诺图中表示为"×"，它既可以作为 1 格加圈合并，也可作为 0 格不加圈，其值的选择为将 F 化成最简形式而服务。如图 2-21 所示，圈内的任意项的值定为 1，圈外的任意项的值定为 0，这样做可以使圈尽量大，圈的个数尽量少，从而得到化简后的逻辑函数

$$F = \overline{B}\overline{C} + \overline{A}C$$

注意，化简过程中已对任意项赋予确定的输出值，即圈内的任意项为 1，圈外的任意项为 0。为不改变输出函数的性质，化简后的逻辑函数应联立约束条件。例如，例 2-18 的化简结果应写为

$$\begin{cases} F = \overline{B}\overline{C} + \overline{A}C \\ AB\overline{C}\overline{D} + \overline{A}B\overline{C}D + ABCD + ABC\overline{D} + A\overline{B}C\overline{D} + \overline{A}B\overline{C}\overline{D} + AB\overline{C}D + A\overline{B}CD = 0 \end{cases}$$

本章小结（Summary）

本章主要讲述了逻辑代数的定律和公式、逻辑函数的表示方法和化简方法。为了进行逻辑运算，需熟练掌握逻辑代数的基本定律和常用公式，并注意它们的对偶性，以便提高运算速度。在运用对偶和反演规则时，注意运算的顺序，即先括号后**与**再**或**。逻辑函数最小项和最大项表达式是两种标准形式，这两种标准形式可以相互转换。最小项表达式是最常用的逻辑表达式，也是分析逻辑问题的基础。逻辑函数的化简是本章的重点。公式化简法的特点是变量数不受限制，但是化简方法缺乏规律性，化简过程中不仅需要熟练地运用基本定律和公式，而且需要有一定的运算技巧和经验。卡诺图化简法的特点是简单直观，它是化简逻辑函数的有用工具。

习　　题（Exercises）

2-1　什么是与、或、非逻辑？试着举几个相关的例子，并写出三种逻辑运算的表达式。

What is AND, OR, NOT logic? Try to enumerate several related examples and write out the expressions of three logical operations.

2-2　根据真值表，同或逻辑和异或逻辑之间的关系是什么？

What is the relationship between XOR logic and XNOR logic according to the truth table?

2-3　逻辑关系的表达形式有哪些？

What are the forms of expression of logical relationships?

2-4　列出下列事件的真值表，并写出逻辑表达式。

List the truth tables of following issues, and write logical expressions.

（1）题 2-4 图是单刀双掷开关控制楼道灯的示意图。A 点表示楼上开关，B 点表示楼下开关，两个开关的上触点分别为 a 和 b，下触点分别为 c 和 d。下楼时，你可以按开关 B 开灯，照亮楼梯；上楼时，你可以按开关 A 关灯。

Figure of exercise 2-4 shows the schematic diagram of single pole and double throw switch controlling corridor lights in the corridor. Point A denotes the upstairs switch, B denotes the downstairs switch, and the upper contacts of the two switches are respectively a and b; the lower contacts are c and d, respectively. When downstairs, you can

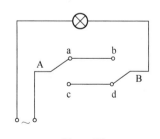

题 2-4 图

Figure of exercise 2-4

press the switch B to turn on the light and illuminate the stairs and when upstairs, you can press Switch A to turn off the light.

（2）有三个温度探测器。当检测温度超过 60℃时，温度探测器输出信号为 1；若检测温度低于 60℃，则输出信号为 0。当两个或多个温度探测器输出 1 信号时，总控制器输出信号 1，并自动调节设备将温度降至 60℃以下。

There are three temperature detectors. When the detected temperature exceeds 60℃, the output signal of temperature detector is 1; if the detected temperature is lower than 60℃, the output signal is 0. When two or more temperature detectors output 1 signal, the general controller outputs 1 signal to automatically control the regulating equipment to reduce the temperature below 60℃.

2-5 用公式化简法和真值表证明下列等式。

To prove the following equations by formula simplification method and truth table.

（1）$(A + \overline{B})(\overline{A} + \overline{B} + C) = A\overline{C} + \overline{B}$；

（2）$\overline{AC} + \overline{A}B + \overline{A}CD + BC = \overline{A} + BC$。

2-6 写出 F 、F^*和 $\overline{F}$ 的最小项表达式。

Write out the minimum term expressions of F , F^* and $\overline{F}$.

（1）$F = ABCD + ACD + B\overline{D}$；

（2）$F = \overline{A}B + CD$。

2-7 用公式化简法对下列逻辑函数进行化简。

Simplify the following logic fuctions by formula simplification method.

（1）$F = \overline{(A + B)(A + C)} + \overline{A + B + C}$；

（2）$F = AB + \overline{AC} + B\overline{C}$；

（3）$F = A + \overline{\overline{B} + \overline{CD}} + \overline{\overline{ADB}}$；

（4）$F = (AB + \overline{A}C + \overline{B}D)(A\overline{B}CD + \overline{A}CD + BCD + \overline{B}C)$。

2-8 用卡诺图化简法对下列逻辑函数进行化简。

Simplify the following logic functions by Karnaugh map simplification method.

（1）$F = A\overline{B}C + \overline{A}CD + A\overline{C}$；

（2）$F = BC + D + \overline{D}(\overline{B} + \overline{C})(AD + B)$；

（3）$F(A,B,C) = \sum M (0,1,4,5,7)$；

（4）$F(A,B,C,D) = \sum m (4,5,6,8,9,10,13,14,15)$；

（5）$F(A,B,C,D) = \sum m (0,2,7,13,15) + \sum d (1,3,4,5,6,8,10)$；

（6）$F(A,B,C,D) = \sum m(0,2,5,9,15) + \sum d(6,7,8,10,12,13)$；

（7）$F = \sum m(3,5,6,7,10) + \sum d(0,1,2,4,8)$。

第 3 章　组合逻辑电路
（**Combinational Logic Circuit**）

3.1　概　　述（**Overview**）

在数字系统中，根据输出信号对输入信号响应的不同及逻辑功能的不同，可以将数字逻辑电路分成**组合逻辑电路**（Combinational Logic Circuit）和**时序逻辑电路**（Sequential Logic Circuit）。前者，在任何时刻，电路的输出仅仅取决于该时刻的输入信号，而与该时刻输入信号作用前电路原来的状态无关。电路只有从输入到输出的通路，而无从输出反馈到输入的回路，这是组合逻辑电路的结构特点。

图 3-1 所示为一个多输入、多输出的组合逻辑电路框图。图中输入变量 I_0，I_1，$\cdots$，I_{n-1} 是二值逻辑变量，输出变量 Y_0，Y_1，$\cdots$，Y_{m-1} 是二值逻辑变量的逻辑函数。组合逻辑电路的功能可用下面的一组逻辑表达式描述输出变量与输入变量的逻辑关系。

图 3-1　组合逻辑电路框图

Fig. 3-1　Block diagram of a combinational logic circuit

$$\begin{cases} Y_0 = f_0(I_0, I_1, \cdots, I_{n-1}) \\ Y_1 = f_1(I_0, I_1, \cdots, I_{n-1}) \\ \quad\vdots \\ Y_{m-1} = f_{m-1}(I_0, I_1, \cdots, I_{n-1}) \end{cases} \tag{3-1}$$

由于组合逻辑电路的输出与电路原来的状态无关，因此电路中不含有记忆功能的存储器件，仅由各种集成逻辑门电路组成。由式（3-1）可见，任何一个组合逻辑电路的输出，可以用一定的逻辑函数描述；而任何一个逻辑函数都可以用不同的逻辑门电路实现。所以，与一定的逻辑函数相对应的组合逻辑电路并不是唯一的。通常情况下，为使器件数和连线数减少，需对逻辑函数进行化简，使逻辑表达式中的项数及每一乘积项中的因子最少，即用最简逻辑表达式实现电路的**逻辑功能**（Logical Functions）。真值表、逻辑表达式、卡诺图和逻辑图均可用来描述组合逻辑电路的逻辑功能。

除**小规模组合逻辑电路**（Small Scale Combinational Logic Circuit）外，在长期的数字电路

应用中，形成了一些典型的组合逻辑电路，制成了常用的中规模组合功能模块。本章将结合组合逻辑电路的分析和设计方法，介绍常用的**中规模组合逻辑电路**（Medium Scale Combinational Logic Circuit）的功能和应用。

3.2　小规模组合逻辑电路的分析和设计方法
（Analysis and Design of Small Scale Combinational Logic Circuit）

3.2.1　小规模组合逻辑电路的分析
（Analysis of Small Scale Combinational Logic Circuit）

　　小规模组合逻辑电路的分析就是根据给定的数字逻辑硬件电路，找出输出信号与输入信号之间的逻辑关系，如真值表、逻辑表达式等，进而确定电路的逻辑功能。运用组合逻辑电路的分析手段，可以确定电路的工作特性并验证这种工作特性是否与设计指标相吻合。对组合逻辑电路的分析有助于所用电路器件的简化，使原电路所用门电路的数量及连线减少。又由于同一电路具有不同的表达形式，因此可用不同的逻辑器件去实现同一逻辑功能。

　　组合逻辑电路的分析方法通常采用代数法，一般按下列步骤进行。

　　（1）根据给定的逻辑电路，确定电路的输入变量和输出变量（可设一定的中间变量）。

　　（2）从输入端开始，根据逻辑门的基本功能，逐级推导出各输出端的逻辑表达式。

　　（3）将得到的输出逻辑表达式进行化简或变换，列出它的真值表。

　　（4）由输出逻辑表达式和真值表，概括出给定组合逻辑电路的逻辑功能。

　　上述步骤是分析组合逻辑电路的全部过程。实际分析中可根据具体情况灵活运用，选择最方便、快捷的组合逻辑电路描述形式和步骤。例如，对于较简单的组合逻辑电路，在写出逻辑表达式后其逻辑功能就清楚了，可不必列出真值表等。

　　另外，值得注意的是，多输出的组合逻辑电路的分析方法与单输出组合逻辑电路的分析方法基本相同，但是分析其逻辑功能时，要将几个输出综合在一起考虑。

　　例 3-1　分析图 3-2 所示电路的逻辑功能。

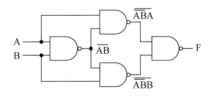

图 3-2　例 3-1 电路

Fig. 3-2　Circuit of example 3-1

　　解　逐级标出前级门电路的输出，则输出逻辑表达式为

$$F = \overline{\overline{ABA} \cdot \overline{ABB}} = \overline{ABA} + \overline{ABB}$$
$$= (\overline{A} + \overline{B})A + (\overline{A} + \overline{B})B$$
$$= A\overline{B} + \overline{A}B = A \oplus B \tag{3-2}$$

所以，电路实现**异或**（XOR）逻辑功能。

例 3-2 分析图 3-3 所示电路的逻辑功能。

解 由图 3-3 所示电路直接写出输出逻辑表达式：

$$\begin{cases} S = \overline{\overline{\overline{A}B} \cdot \overline{A\overline{B}}} = \overline{A}B + A\overline{B} = A \oplus B \\ C = AB \end{cases} \tag{3-3}$$

真值表如表 3-1 所示。

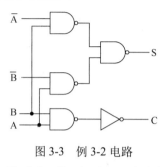

图 3-3　例 3-2 电路

Fig. 3-3　Circuit of example 3-2

表 3-1　例 3-2 真值表

Table 3-1　Truth table of example 3-2

A	B	S	C
0	0	0	0
0	1	1	0
1	0	1	0
1	1	0	1

由输出逻辑表达式可见，电路产生变量 A、B 的**异或**和与两种逻辑输出。

3.2.2　小规模组合逻辑电路的设计
（Design of Small Scale Combinational Logic Circuit）

小规模组合逻辑电路的设计过程与分析过程相反，它是根据给定的逻辑功能要求，找出实现这一逻辑功能的最佳逻辑电路。这里所说的"最佳"是指电路所用的**器件最少**（Minimum Components）、**器件的种类最少**（Minimum Kinds of Components），而且**器件间的连线也最少**（Minimum Connections）。本书所介绍的设计内容仅限于逻辑设计，不包含制作实际装置的工艺设计。下面以采用小规模集成器件设计为例对组合逻辑电路的设计步骤加以说明。

（1）根据给定的逻辑问题，分析设计要求，列出真值表。

设计要求一般用文字来描述，分功能要求与器件要求两部分。由于用真值表表示逻辑函数的方法最直观，因此设计的第一步是列出真值表。具体过程是，分析问题的因果关系，确定输入变量和输出变量；给输入变量、输出变量赋值，用 0 和 1 分别表示输入变量、输出变量的两种不同状态；根据问题的逻辑关系，列出真值表。

（2）由真值表写出逻辑表达式。

（3）对逻辑函数进行化简，再按器件要求进行逻辑表达式的变换。

通常将逻辑函数化简成最简**与或**表达式，使其包含的乘积项最少，且每个乘积项所包含的因子数也最少。根据器件要求的类型，进行适当的逻辑表达式变换，如变换成**与非-与非**表达式、**或非-或非**表达式和**与或非**表达式等。

（4）根据化简与变换后的最佳输出逻辑表达式，画出逻辑电路。

组合逻辑电路的设计步骤不一定要遵循上述的固定程序，可根据实际情况进行取舍。例如，步骤（2）、（3）的目的若只是化简，那么它们也可以由真值表直接填卡诺图，然后化简。

对于同一组输入变量下具有多个输出变量的逻辑电路设计，要考虑到多输出函数电路是一个整体，从"局部"观点看，每个单独输出电路最简，但从"整体"看未必最简。因此从全局出发，应确定各输出函数的公共项，以使整个逻辑电路最简。

下面举例说明采用小规模集成器件设计组合逻辑电路的方法。

例 3-3　有 3 个温度探测器，当探测的温度超过 60℃时，输出控制信号为 1；如果探测的温度等于或低于 60℃，输出控制信号为 0。当其中两个或两个以上的温度探测器输出 1 信号时，总控制器输出 1 信号，并自动控制调控设备，使温度降低到 60℃以下，试设计总控制器的逻辑电路。

解　指定变量并赋值。

设 A、B、C 分别表示 3 个温度探测器的探测输出信号，同时也是总控制器电路的输入信号。当探测的温度超过 60℃时，总控制器电路的输入信号为 1；当探测的温度等于或低于 60℃时，总控制器电路的输入信号为 0。

设 F 为总控制器电路的输出。当有温度控制信号时，输出为 1；当无温度控制信号时，输出为 0。

由题意可列出真值表，如表 3-2 所示。

由表 3-2 写出的逻辑表达式为

$$F = m_3 + m_5 + m_6 + m_7 = \overline{A}BC + A\overline{B}C + AB\overline{C} + ABC \tag{3-4}$$

利用卡诺图化简，如图 3-4 所示，得到最简**与或**表达式，即

$$F = AB + AC + BC \tag{3-5}$$

若采用**与非门**（NAND）实现，则可以对式（3-5）两次求反，变换成与非-与非表达式，即

$$F = \overline{\overline{AB + AC + BC}} = \overline{\overline{AB} \cdot \overline{AC} \cdot \overline{BC}} \tag{3-6}$$

根据式（3-6）可以画出用**与非门**实现的逻辑电路，如图 3-5 所示。

表 3-2　例 3-3 真值表

Table 3-2　Truth table of example 3-3

A	B	C	F
0	0	0	0
0	0	1	0
0	1	0	0
0	1	1	1
1	0	0	0
1	0	1	1
1	1	0	1
1	1	1	1

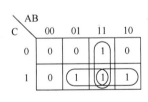

图 3-4　例 3-3 卡诺图

Fig. 3-4　Karnaugh map of example 3-3

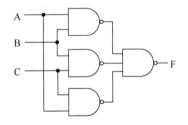

图 3-5　用与非门实现的逻辑电路

Fig. 3-5　Logic circuit implemented with NAND gates

若采用**或非门**（NOR）实现，可将 F 的最简**与或**表达式变换为**或与**表达式，再对**或与**式两次求反，变换成**或非-或非**表达式。也可在卡诺图上圈 0，如图 3-6 所示，直接得到最简**或与**表达式，即

$$F = (A + B)(A + C)(B + C) \tag{3-7}$$

两次求反，得

$$F = \overline{\overline{(A+B)(A+C)(B+C)}}$$

$$= \overline{\overline{(A+B)} + \overline{(A+C)} + \overline{(B+C)}}$$

（3-8）

按式（3-8），可以画出用**或非门**实现的逻辑电路，如图 3-7 所示。

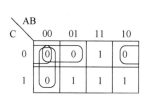

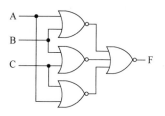

图 3-6　在卡诺图上圈 0

Fig. 3-6　Circle 0 on the Karnaugh map

图 3-7　用或非门实现的逻辑电路

Fig. 3-7　Logic circuit implemented with NOR gates

例 3-4　用与非门实现下列多输出函数：

$$F_1(A,B,C) = \sum m(1,3,4,5,7)$$

$$F_2(A,B,C) = \sum m(3,4,7)$$

解　分别填 F_1 和 F_2 的卡诺图，如图 3-8 所示，分别简化，得

$$\begin{cases} F_1 = C + A\overline{B} = \overline{\overline{C} \cdot \overline{A\overline{B}}} \\ F_2 = BC + A\overline{B}\overline{C} = \overline{\overline{BC} \cdot \overline{A\overline{B}\overline{C}}} \end{cases}$$

（3-9）

分别画出逻辑电路如图 3-9 所示。

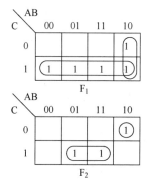

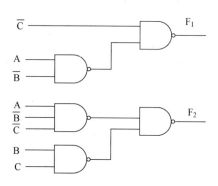

图 3-8　例 3-4 卡诺图之一

Fig. 3-8　One of the Karnaugh maps of example 3-4

图 3-9　例 3-4 逻辑电路之一

Fig. 3-9　One of the logic circuits of example 3-4

若考虑公共乘积项 $A\overline{B}\overline{C}$，对 F_1 重新化简，如图 3-10 所示，则

$$F_1 = C + A\overline{B}\overline{C} = \overline{\overline{C} \cdot \overline{A\overline{B}\overline{C}}}$$

（3-10）

F_2 不变，画出综合逻辑电路，如图 3-11 所示。

可见公共乘积项的利用能使逻辑电路设计得到优化。

组合逻辑电路的设计步骤一般只在使用小规模集成电路时使用。中、大规模集成电路出现以后，逻辑电路的设计方法出现了重大变化。用中规模集成电路设计的逻辑电路具有连线简单、方便快捷、成本低的特点。

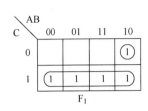

图 3-10　例 3-4 卡诺图之二

Fig. 3-10　Karnaugh map II of example 3-4

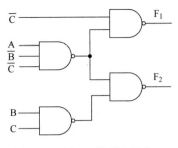

图 3-11　例 3-4 逻辑电路之二

Fig. 3-11　Logic circuit II of example 3-4

3.3　中规模组合逻辑电路的分析和设计方法
（**Analysis and Design of Medium Scale Combinational Logic Circuit**）

　　常用的中规模组合逻辑电路包括加法器、编码器、译码器、数据选择器、数值比较器等。对于这些常用的中规模组合模块，除掌握其基本功能外，还必须了解其使能端、扩展端，掌握这些器件的扩展和应用。

3.3.1　加法器（Adder）

　　加法器是构成算术运算器的基本单元。两个二进制数之间所进行的算术运算——加、减、乘、除等，在计算机中都是化作若干步加法运算进行的。实现 1 位加法运算的模块有半加器和全加器，实现多位加法运算的模块有串行进位加法器和超前进位加法器。

1．1 位加法器（1-bit Adder）

（1）半加器（Half-Adder）

　　如果不考虑来自低位的进位，将两个 1 位二进制数相加称为半加。实现半加运算的逻辑电路称为半加器。

　　设 A 为被加数，B 为加数，S 为本位之和，CO 为本位向高位的进位。按照二进制加法运算规则可以列出半加器真值表，如表 3-3 所示。

　　由真值表可写出半加器的逻辑表达式为

$$\begin{cases} S = \overline{A}B + A\overline{B} = A \oplus B \\ CO = AB \end{cases} \tag{3-11}$$

由逻辑表达式画出逻辑电路如图 3-12（a）所示，图 3-12（b）所示为半加器的逻辑符号。

表 3-3　半加器真值表

Table 3-3　Truth table of half-adder

A	B	S	CO
0	0	0	0
0	1	1	0
1	0	1	0
1	1	0	1

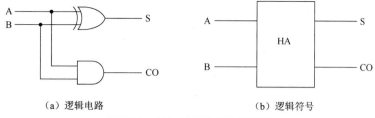

（a）逻辑电路 （b）逻辑符号

图 3-12 半加器逻辑电路及符号

Fig. 3-12 Logic circuit and symbol of half-adder

（2）全加器（Full-Adder）

要实现两个多位二进制数相加，就必须考虑来自低位的进位。能对两个 1 位二进制数进行相加并考虑低位来的进位，即相当于 3 个 1 位二进制数相加，求得和及进位的逻辑电路称为全加器。

设 A、B 为两个 1 位二进制加数，CI 为低位来的进位，S 为本位的和，CO 为本位向高位的进位。根据二进制加法运算规则可以列出全加器真值表，如表 3-4 所示。

表 3-4 全加器真值表

Table 3-4 Truth table of full-adder

A	B	CI	S	CO
0	0	0	0	0
0	0	1	1	0
0	1	0	1	0
0	1	1	0	1
1	0	0	1	0
1	0	1	0	1
1	1	0	0	1
1	1	1	1	1

由真值表填卡诺图，如图 3-13 所示，可导出 S 和 CO 的逻辑表达式为

$$\begin{cases} S = \overline{A}\overline{B}CI + \overline{A}B\overline{CI} + A\overline{B}\overline{CI} + ABCI \\ \quad = \overline{A}(\overline{B}CI + B\overline{CI}) + A(\overline{B}\overline{CI} + BCI) = \overline{A}(B \oplus CI) + A\overline{(B \oplus CI)} \\ \quad = A \oplus B \oplus CI \\ CO = \overline{A}BCI + A\overline{B}CI + AB = (\overline{A}B + A\overline{B})CI + AB \\ \quad = (A \oplus B)CI + AB \end{cases} \quad (3\text{-}12)$$

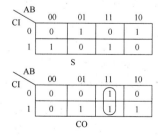

图 3-13 全加器的卡诺图

Fig. 3-13 Karnaugh map of full-adder

由逻辑表达式画出逻辑电路，如图 3-14（a）所示，图 3-14（b）所示为全加器的逻辑符号。

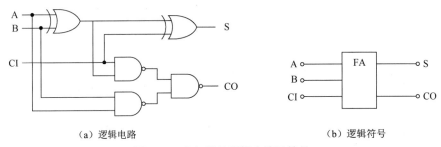

（a）逻辑电路 （b）逻辑符号

图 3-14 全加器的逻辑电路及符号

Fig. 3-14 Logic circuit and symbol of full-adder

由于逻辑表达式有多种不同变换，全加器的电路结构也有多种其他形式，但它们的逻辑功能都必须符合表 3-4 给定的全加器真值表。

2．多位加法器（Multi-bit Adder）

（1）串行进位加法器（Serial Carry-propagation Adder）

将 N 位全加器串联起来，低位全加器的进位输出连接到相邻的高位全加器的进位输入，这种进位方式称为串行进位。图 3-15 所示为 4 位串行进位加法器，由于每一位的加法运算必须在低位的加法运算完成之后才能进行，因此串行进位加法器运算速度慢，只能用于低速数字设备。但这种电路的结构简单，实现加法的位数扩展方便。

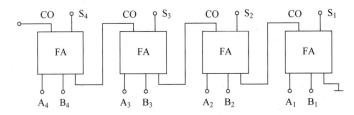

图 3-15 4 位串行进位加法器

Fig. 3-15 4-bit serial carry-propagation adder

（2）超前进位加法器（Carry Look-ahead Adder）

由于串行进位加法器的进位信号采用逐级传输方式，其速度受到进位信号的限制而较慢。若要提高运算速度，可采用超前进位方式。超前进位又称并行（Parallel）进位，就是让各级进位信号同时产生，每位的进位只由加数和被加数决定，而不必等低位的进位，即实行了提前进位，因而提高了运算速度。

全加器的逻辑表达式为

$$\begin{cases} S = A \oplus B \oplus CI \\ CO = A \oplus B \cdot CI + AB = P \cdot CI + G \end{cases} \tag{3-13}$$

其中，$G = AB$ 称为进位生成函数，$P = A \oplus B$ 称为进位传递函数。根据加法进位的传递关系，可导出 4 位二进制超前进位加法器的和数输出 $S_1 \sim S_4$ 及各位进位信号的逻辑表达式为

$$S_1 = A_1 \oplus B_1 \oplus CI$$

$$CO_1 = A_1 B_1 + (A_1 \oplus B_1) CI$$

$S_2 = A_2 \oplus B_2 \oplus CO_1 = A_2 \oplus B_2 \oplus [A_1B_1 + (A_1 \oplus B_1)CI]$

$CO_2 = A_2B_2 + (A_2 \oplus B_2)[A_1B_1 + (A_1 \oplus B_1)CI]$

$S_3 = A_3 \oplus B_3 \oplus \{A_2B_2 + (A_2 \oplus B_2)[A_1B_1 + (A_1 \oplus B_1)CI]\}$

$CO_3 = A_3B_3 + (A_3 \oplus B_3)\{A_2B_2 + (A_2 \oplus B_2)[A_1B_1 + (A_1 \oplus B_1)CI]\}$

$S_4 = A_4 \oplus B_4 \oplus \{A_3B_3 + (A_3 \oplus B_3)\{A_2B_2 + (A_2 \oplus B_2)[A_1B_1 + (A_1 \oplus B_1)CI]\}\}$

$CO_4 = A_4B_4 + (A_4 \oplus B_4)\{A_3B_3 + (A_3 \oplus B_3)\{A_2B_2 + (A_2 \oplus B_2)[A_1B_1 + (A_1 \oplus B_1)CI]\}\}$ 　（3-14）

可见，加到第 i 位的进位输入信号是两个加到第 i 位以下各位状态的函数，可以在相加前由 A、B 两数确定。所以，可以通过逻辑电路事先得出每一位全加器的进位输入信号，而无须从最低位开始向高位逐位传递进位信号了，从而有效地提高了运算速度。

目前，常用的加法器模块多采用这种超前进位的工作方式。虽然超前进位加法器的逻辑电路复杂程度增加了，但使加法器的运算时间大大缩短了。4 位超前进位加法器集成电路有 CT54283/CY74283、CT54S283/CY74S283、CT54LS283/CY74LS283、CC4008 等。图 3-16 所示为 4 位超前进位二进制加法器（4 位二进制加法器）的逻辑符号。

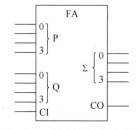

图 3-16　4 位二进制加法器的逻辑符号

Fig. 3-16　Logic symbol of 4-bit binary adder

3. 加法器的应用（Applications of Adder）

凡涉及数字增减的逻辑问题，都可以用加法器实现。加法器的主要应用有以下 3 个方面。

（1）用作加法和减法运算器。用加法器作减法运算时，只需将减数变为补码，就可将两数相减变成两数相加的运算。

（2）用作代码转换器。常用的 8421 BCD 码、2421 BCD 码和余 3 BCD 码，它们两组代码之间的差值是一个确定的数。因此，加减这个确定的数值，即可实现代码的转换。

（3）用作二一十进制码加法器。两个 4 位二进制数相加是逢十六进一，而两个 1 位二一十进制代码相加则是逢十进一。因此，在用二进制加法器实现二一十进制代码的加法运算时，要根据不同的二一十进制代码及和数值的不同，增加不同的修正电路。

例 3-5　分析图 3-17 所示逻辑图所完成的逻辑功能。（假设 DCBA 输入的为余 3 BCD 码）

解　将余 3 BCD 码作为一组数据输入（DCBA），另一端输入的 1101 正好是 0011 的补码。加上 1101 相当于减去 0011，即减去恒定常数 3。得到的是 8421 BCD 码的输出（$F_3F_2F_1F_0$）。

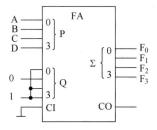

图 3-17　例 3-5 逻辑图

Fig. 3-17　Logic diagram of example 3-5

例 3-6 试用 4 位二进制加法器构成 1 位 8421 BCD 码十进制加法器。

解 先举例分析十进制数的加法和 8421 BCD 4 位二进制代码加法的差异。

$$3+5=8 \qquad\qquad 6+7=13 \qquad\qquad 8+9=17$$

$$
\begin{array}{r}
0011 \\
+0101 \\
\hline
1000
\end{array}
\qquad\qquad
\begin{array}{r}
0110 \\
+0111 \\
\hline
1101
\end{array}
\qquad\qquad
\begin{array}{r}
1000 \\
+1001 \\
\hline
10001
\end{array}
$$

和数大于9时需加6修正：
$$
\begin{array}{r}
1101 \\
+0110 \\
\hline
10011
\end{array}
\qquad\qquad
\begin{array}{r}
10001 \\
+\ 0110 \\
\hline
10111
\end{array}
$$

因此，电路应由 3 部分组成：第一部分完成加数和被加数相加；第二部分判别是否加以修正，即产生修正控制信号；第三部分完成加 6 修正。第一部分和第三部分均由 4 位加法器实现。第二部分判别信号的产生，应在 4 位 8421 BCD 码相加有进位信号 CO 产生时，或者在和数为 10～15 的情况下产生修正控制信号 F，所以 F 应为

$$
F = CO + F_3F_2F_1F_0 + F_3F_2F_1\overline{F_0} + F_3F_2\overline{F_1}F_0 + \\
F_3F_2\overline{F_1}\,\overline{F_0} + F_3\overline{F_2}F_1F_0 + F_3\overline{F_2}F_1\overline{F_0} \tag{3-15}
$$

化简变换得

$$
F = CO + F_3F_2 + F_3F_1 = \overline{\overline{CO \cdot \overline{F_3F_2} \cdot \overline{F_3F_1}}} \cdot \overline{F_3F_2} \cdot \overline{F_3F_1} \tag{3-16}
$$

根据上述分析及 F 信号产生的逻辑表达式，可得 1 位 8421 BCD 码十进制相加的逻辑图，如图 3-18 所示。

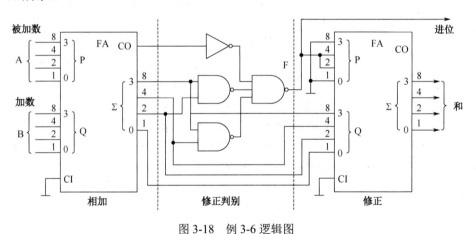

图 3-18　例 3-6 逻辑图

Fig. 3-18　Logic diagram of example 3-6

3.3.2　编码器（Encoder）

在数字系统中，常常需要将二进制代码按照一定的规律编排，如 8421 BCD 码、5421 BCD 码和格雷码等，使每组代码具有特定的含义。将具有特定意义的信息编成相应二进制代码的过程称为编码。实现编码功能的电路称为编码器。编码器有普通编码器和优先编码器两种。

1. 普通编码器（Ordinary Encoder）

编码器一般采用键控输入方式，类似于计算机的键盘输入。在普通编码器中，在任何时刻只允许输入一个编码有效信号，否则输出将发生混乱。

以二进制编码器（Binary Encoder）为例，其有 M 个输入信号，它们是 M 个表示数字、字符等的信息，用高、低电平分别表征这些信息的有、无；输出信号则是 N 位与输入信号有一一对应关系的二进制代码。M 与 N 之间满足编码要求 $M = 2^N$。在任一时刻只有一个输入编码信号有效，若有效信号为 1，称输入高电平有效；若有效信号为 0，称输入低电平有效。

二进制编码器有 3 位二进制编码器、4 位二进制编码器等。3 位二进制编码器又称 8 线—3 线编码器，4 位二进制编码器又称 16 线—4 线编码器。二进制编码器的实现比较简单，下面以 3 位二进制编码器的设计为例说明二进制编码器的工作原理。

确定输入/输出变量。N 位二进制代码有 2^N 种组合，即可以表示 $M = 2^N$ 个输入信号。那么 3 位二进制编码器，就是把 8 个输入信号 $I_0 \sim I_7$ 编成对应的 3 位二进制代码输出 $Y_2Y_1Y_0$。图 3-19 所示为 3 位二进制编码器的逻辑框图。

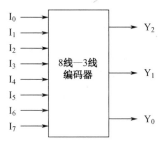

图 3-19　3 位二进制编码器的逻辑框图

Fig. 3-19　Logic block diagram of 3-bit binary encoder

设输入信号高电平有效。将 8 个输入信号与相对应的 3 位二进制代码填入表格，即得该编码器的真值表，如表 3-5 所示。

表 3-5　3 位二进制编码器真值表

Table 3-5　Truth table of 3-bit binary encoder

I_7	I_6	I_5	I_4	I_3	I_2	I_1	I_0	Y_2	Y_1	Y_0
0	0	0	0	0	0	0	1	0	0	0
0	0	0	0	0	0	1	0	0	0	1
0	0	0	0	0	1	0	0	0	1	0
0	0	0	0	1	0	0	0	0	1	1
0	0	0	1	0	0	0	0	1	0	0
0	0	1	0	0	0	0	0	1	0	1
0	1	0	0	0	0	0	0	1	1	0
1	0	0	0	0	0	0	0	1	1	1

由真值表写出逻辑表达式，再利用无关项化简，得

$$\begin{cases} Y_2 = I_4 + I_5 + I_6 + I_7 \\ Y_1 = I_2 + I_3 + I_6 + I_7 \\ Y_0 = I_1 + I_3 + I_5 + I_7 \end{cases} \tag{3-17}$$

由此画出逻辑电路，如图 3-20 所示。

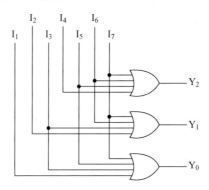

图 3-20　3 位二进制编码器逻辑电路

Fig. 3-20　Logic circuit of 3-bit binary encoder

2．优先编码器（Priority Encoder）

通常计算机有多个外设，在某一时刻，可能有多个外设同时向主机发出请求，但该时刻计算机只能接收一个请求。为此需要一个判定电路，确定哪个外设有优先权。而普通编码器，在任何时刻只能输入一个编码信号，输入信号之间是互相排斥的。因此，需要设计这样一种编码器，允许同时输入两个以上的编码信号。此时逻辑电路只对其中优先级最高的信号进行编码，而不会对优先级低的信号编码。能够根据请求信号的优先级进行编码的逻辑电路称为优先编码器。因此，在设计优先编码器时，应将所有的输入信号按优先级顺序排队。至于优先级的顺序，则是由设计者根据实际的轻重缓急情况来确定的。

常用的 8 线—3 线优先编码器（74HC148）的功能表如表 3-6 所示，其逻辑电路如图 3-21 所示。其中，$\bar{S}$ 端称使能输入端（简称使能端），低电平有效，当 $\bar{S}=0$ 时，电路允许编码；当 $\bar{S}=1$ 时，无论输入端有无编码请求信号，所有的输出端均被封锁为高电平。因此 $\bar{S}$ 端又称选通输入端（简称选通端）。8 个输入编码信号低电平有效，功能表中用 $\bar{I}_7$、$\bar{I}_6$、$\bar{I}_5$、$\bar{I}_4$、$\bar{I}_3$、$\bar{I}_2$、$\bar{I}_1$、$\bar{I}_0$ 表示。电路图中为了强调说明以低电平作为有效输入信号，常将反相器图形符号中表示反相的小圆圈画在输入端，如图 3-21 中左边一列反相器的画法所示。

表 3-6　8 线—3 线优先编码器功能表

Table 3-6　Function table of 8-line-3-line priority encoder

输　　入									输　　出				
$\bar{S}$	$\bar{I}_0$	$\bar{I}_1$	$\bar{I}_2$	$\bar{I}_3$	$\bar{I}_4$	$\bar{I}_5$	$\bar{I}_6$	$\bar{I}_7$	$\bar{Y}_2$	$\bar{Y}_1$	$\bar{Y}_0$	$\bar{Y}_{EX}$	$\bar{Y}_S$
1	×	×	×	×	×	×	×	×	1	1	1	1	1
0	1	1	1	1	1	1	1	1	1	1	1	1	0
0	×	×	×	×	×	×	×	0	0	0	0	0	1
0	×	×	×	×	×	×	0	1	0	0	1	0	1
0	×	×	×	×	×	0	1	1	0	1	0	0	1
0	×	×	×	×	0	1	1	1	0	1	1	0	1
0	×	×	×	0	1	1	1	1	1	0	0	0	1
0	×	×	0	1	1	1	1	1	1	0	1	0	1
0	×	0	1	1	1	1	1	1	1	1	0	0	1
0	0	1	1	1	1	1	1	1	1	1	1	0	1

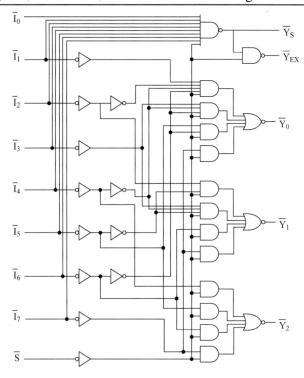

图 3-21　8 线—3 线优先编码器逻辑电路

Fig. 3-21　Logic circuit of 8-line-3-line priority encoder

编码输出为 8421 码的反码，即以 3 位二进制代码的反码输出（又称低有效输出），用 $\overline{Y}_2$、$\overline{Y}_1$、$\overline{Y}_0$ 表示。每次可以有多个编码信号输入，但编码的优先顺序是，$\overline{I}_7 \rightarrow \overline{I}_6 \rightarrow \overline{I}_5 \rightarrow \overline{I}_4 \rightarrow I_3 \rightarrow \overline{I}_2 \rightarrow \overline{I}_1 \rightarrow \overline{I}_0$，即 $\overline{I}_7$ 的优先级最高，$\overline{I}_0$ 的优先级最低。当 $\overline{I}_7 = 0$ 时，不管 $\overline{I}_0 \sim \overline{I}_6$ 处于何种状态，电路只对 $\overline{I}_7$ 进行编码，输出 $\overline{Y}_2\,\overline{Y}_1\,\overline{Y}_0 = 000$。

$\overline{Y}_S$ 端为使能输出端或称选通输出端；$\overline{Y}_{EX}$ 端为扩展输出端，也是有编码输出的标志（低电平有效）。它们主要用于电路的级联和扩展。表 3-6 中出现的 3 种 $\overline{Y}_2\,\overline{Y}_1\,\overline{Y}_0 = 111$ 的情况，可以用 $\overline{Y}_S$ 和 $\overline{Y}_{EX}$ 的不同状态加以区分。下面具体说明利用 $\overline{Y}_S$ 和 $\overline{Y}_{EX}$ 信号实现电路功能扩展的方法。

图 3-22 所示为用两片 8 线—3 线优先编码器 74HC148 构成 16 线—4 线优先编码器的逻辑电路。由于每片 74HC148 只有 8 个编码输入端，而 16 线—4 线优先编码器需要 16 个编码输入端，因此需要两片 74HC148。按惯例 $\overline{A}_{15}$ 的优先级最高，$\overline{A}_0$ 的优先级最低。故将 $\overline{A}_{15} \sim \overline{A}_8$ 接到片（1）的输入端，$\overline{A}_7 \sim \overline{A}_0$ 接到片（2）的输入端。因此片（1）的优先级比片（2）高，即片（1）编码时，片（2）不准编码。只有当片（1）的 8 个输入端 $\overline{A}_{15} \sim \overline{A}_8$ 都是高电平，即无编码请求时（$\overline{Y}_S = 0$），片（2）才能编码。因此将片（1）的 $\overline{Y}_S$ 接于片（2）的 $\overline{S}$ 端，作为片（2）的选通输入。

另外，当片（1）有编码输出时，它的 $\overline{Y}_{EX} = 0$，无编码输出时 $\overline{Y}_{EX} = 1$，正好可以用它作为编码输出的第四位，以区别 8 个高优先级输入信号和 8 个低优先级输入信号的编码。编码输出的低 3 位应为两片输出 Y_2、Y_1、Y_0 的逻辑加，考虑 74HC148 编码器的反码输出，用与非门实现。4 位编码输出 $Z_3Z_2Z_1Z_0$ 为原码。

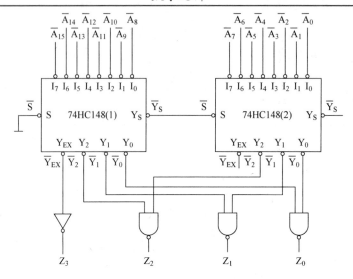

图 3-22　16 线—4 线优先编码器逻辑电路

Fig. 3-22　Logic circuit 16-line-4-line priority encoder

由图 3-22 可见，当 $\overline{A}_{15} \sim \overline{A}_8$ 中任一输入端有编码请求，即为低电平时，如 $\overline{A}_{10} = 0$，则片（1）的 $\overline{Y}_{EX} = 0$，$Z_3 = 1$，$\overline{Y}_2 \overline{Y}_1 \overline{Y}_0 = 101$。同时片（1）的 $\overline{Y}_S = 1$，将片（2）封锁，使它的输出 $\overline{Y}_2 \overline{Y}_1 \overline{Y}_0 = 111$，于是在最后的输出端得到 $Z_3 Z_2 Z_1 Z_0 = 1010$。如果 $\overline{A}_{15} \sim \overline{A}_8$ 中同时有几个输入端为低电平，电路只对其中优先级最高的一个有效信号编码。

当 $\overline{A}_{15} \sim \overline{A}_8$ 全部为高电平（没有编码输入请求）时，片（1）的 $\overline{Y}_S = 0$，故片（2）的 $\overline{S} = 0$，使片（2）处于编码工作状态，可对 $\overline{A}_7 \sim \overline{A}_0$ 输入的低电平信号中优先级最高的一个进行编码，如 $\overline{A}_4 = 0$，则片（2）的 $\overline{Y}_2 \overline{Y}_1 \overline{Y}_0 = 011$。而此时片（1）的 $\overline{Y}_{EX} = 1$，$Z_3 = 0$，片（1）的 $\overline{Y}_2 \overline{Y}_1 \overline{Y}_0 = 111$。于是在输出端得到了 $Z_3 Z_2 Z_1 Z_0 = 0100$。

3.3.3　译码器（Decoder）

译码是编码的逆过程，它根据输入的编码来确定对应的输出信号。译码器是将输入的二进制代码翻译成相应输出信号电平的电路。译码器的种类很多，根据所完成的逻辑功能可分为变量译码器、码制译码器和显示译码器 3 种。

1. 变量译码器（Variable Decoder）

变量译码器又称二进制译码器或完全译码器，它的输入是一组二进制代码，输出是与输入相对应的高、低电平信号。N 位二进制代码输入的变量译码器，共有 2^N 个输出端，且对应于输入代码的每一种状态，2^N 个输出中只有一个为 0（或为 1），其余全为 1（或为 0）。2 位二进制代码输入共有 4 条输出线，称之为 2 线—4 线译码器；3 位二进制代码输入共有 8 条输出线，称之为 3 线—8 线译码器；N 位二进制代码输入共有 2^N 条输出线，称之为 N 线—2^N 线译码器。

（1）2 线—4 线译码器（2-line-4-line Decoder）

常用的 2 线—4 线译码器（74LS139）的逻辑电路如图 3-23 所示，由图可得各输出端的逻辑表达式：

$$\begin{cases} \overline{Y}_3 = \overline{A_1 A_0 \cdot \overline{\overline{\overline{ST}}}} \\ \overline{Y}_2 = \overline{A_1 \overline{A}_0 \cdot \overline{\overline{\overline{ST}}}} \\ \overline{Y}_1 = \overline{\overline{A}_1 A_0 \cdot \overline{\overline{\overline{ST}}}} \\ \overline{Y}_0 = \overline{\overline{A}_1 \overline{A}_0 \cdot \overline{\overline{\overline{ST}}}} \end{cases} \qquad (3\text{-}18)$$

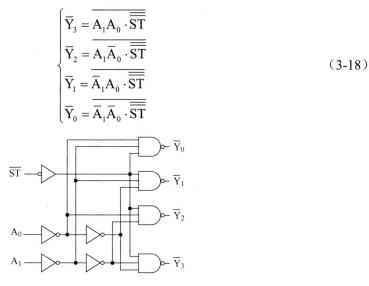

图 3-23　2 线—4 线译码器的逻辑电路

Fig. 3-23　Logic circuit of 2-line-4-line decoder

由式（3-18）可列出 2 线—4 线译码器的真值表，如表 3-7 所示。由真值表可见，选通输入端 $\overline{ST}$ 为低电平有效，当 $\overline{ST} = 1$ 时，无论输入变量如何，所有的输出端均被封锁为高电平；当 $\overline{ST} = 0$ 时，电路允许译码，输出也为低电平有效。例如，当地址输入 $A_1 A_0 = 01$ 时，对应输出端 $\overline{Y}_1 = 0$。其逻辑符号如图 3-24 所示。

表 3-7　2 线—4 线译码器真值表

Table 3-7　Truth table of 2-line-4-line decoder

$\overline{ST}$	A_1	A_0	$\overline{Y}_0$	$\overline{Y}_1$	$\overline{Y}_2$	$\overline{Y}_3$
1	×	×	1	1	1	1
0	0	0	0	1	1	1
0	0	1	1	0	1	1
0	1	0	1	1	0	1
0	1	1	1	1	1	0

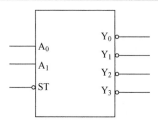

图 3-24　2 线—4 线译码器逻辑符号

Fig. 3-24　Logic symbol of 2-line-4-line decoder

合理地应用选通端 $\overline{ST}$，可以扩大译码器的逻辑功能。图 3-25 所示为由两片 2 线—4 线译码器 74LS139 扩展为 3 线—8 线译码器的应用电路。单个 74LS139 中集成了两个相同但彼此独立的 2 线—4 线译码器。当 $A_2 = 0$ 时，片（1）的 $\overline{ST} = 0$，正常译码工作，片（2）的 $\overline{ST} = 1$，输出被封锁为 1，$\overline{Y}_3 \sim \overline{Y}_0$ 在输入地址 A_1A_0 作用下有译码输出。当 $A_2 = 1$ 时，片（1）的 $\overline{ST} = 1$，输出被封锁为 1，片（2）的 $\overline{ST} = 0$，正常译码工作，$\overline{Y}_7 \sim \overline{Y}_4$ 在输入地址 A_1A_0 作用下有译码输出。由此实现了 3 线—8 线译码器的逻辑功能。

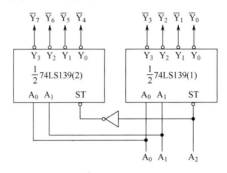

图 3-25　2 线—4 线译码器扩展为 3 线—8 线译码器

Fig. 3-25　2-line-4-line decoder expansion into 3-line-8-line decoder

（2）3 线—8 线译码器（3-line-8-line Decoder）

典型的 3 线—8 线译码器（74LS138）真值表如表 3-8 所示。其中 ST_A、$\overline{ST}_B$、$\overline{ST}_C$ 是多个选通输入端，ST_A 为高电平有效，$\overline{ST}_B + \overline{ST}_C$ 为低电平有效。当选通输入端为有效电平，即 $ST_A = 1$，$\overline{ST}_B + \overline{ST}_C = 0$ 时，由真值表可写出 3 线—8 线译码器各输出端的逻辑表达式为

$$\begin{cases}
\overline{Y}_0 = \overline{\overline{A}_2\overline{A}_1\overline{A}_0} = \overline{m}_0 \\
\overline{Y}_1 = \overline{\overline{A}_2\overline{A}_1 A_0} = \overline{m}_1 \\
\overline{Y}_2 = \overline{\overline{A}_2 A_1\overline{A}_0} = \overline{m}_2 \\
\overline{Y}_3 = \overline{\overline{A}_2 A_1 A_0} = \overline{m}_3 \\
\overline{Y}_4 = \overline{A_2\overline{A}_1\overline{A}_0} = \overline{m}_4 \\
\overline{Y}_5 = \overline{A_2\overline{A}_1 A_0} = \overline{m}_5 \\
\overline{Y}_6 = \overline{A_2 A_1\overline{A}_0} = \overline{m}_6 \\
\overline{Y}_7 = \overline{A_2 A_1 A_0} = \overline{m}_7
\end{cases}$$

$$(3\text{-}19)$$

表 3-8　74LS138 的真值表

Table 3-8　Truth table for 74LS138

ST_A	$\overline{ST}_B + \overline{ST}_C$	A_2	A_1	A_0	$\overline{Y}_0$	$\overline{Y}_1$	$\overline{Y}_2$	$\overline{Y}_3$	$\overline{Y}_4$	$\overline{Y}_5$	$\overline{Y}_6$	$\overline{Y}_7$
×	1	×	×	×	1	1	1	1	1	1	1	1
0	×	×	×	×	1	1	1	1	1	1	1	1
1	0	0	0	0	0	1	1	1	1	1	1	1
1	0	0	0	1	1	0	1	1	1	1	1	1
1	0	0	1	0	1	1	0	1	1	1	1	1
1	0	0	1	1	1	1	1	0	1	1	1	1
1	0	1	0	0	1	1	1	1	0	1	1	1
1	0	1	0	1	1	1	1	1	1	0	1	1
1	0	1	1	0	1	1	1	1	1	1	0	1
1	0	1	1	1	1	1	1	1	1	1	1	0

2. 码制译码器（Code Decoder）

最常用的码制译码器是 8421 BCD 码译码器，又称二—十进制译码器。二-十进制译码器的输入是十进制数的 4 位二进制编码（8421 BCD 码），分别用 A_3、A_2、A_1、A_0 表示，输出是与 10 个十进制数码相对应的 10 个低有效（或高有效）信号，用 $Y_9 \sim Y_0$ 表示。由于二—十进制译码器有 4 根输入线和 10 根输出线，因此又称为 4 线—10 线译码器。

典型的 4 线—10 线译码器（74LS42）的真值表如表 3-9 所示。可见，对于 8421 BCD 码输入，译码输出低电平有效；对于 1010～1111 六个伪码输入，输出被锁定在无效高电平上。图 3-26 所示为其逻辑符号。

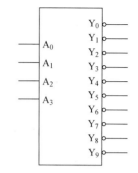

图 3-26　4 线—10 线译码器逻辑符号

Fig.3-26　Logic symbol of 4-line-10-line decoder

4 线—10 线译码器可作为 3 线—8 线译码器使用。由表 3-9 可见，只要使 $A_3 = 0$，$\overline{Y}_0 \sim \overline{Y}_7$ 译出的就是 $A_2 \sim A_0$ 的二进制代码。图 3-27 所示为利用 1 片 2 线—4 线译码器和 4 片 4 线—10 线译码器组成 5 线—32 线译码器的逻辑电路。输入地址中 A_4、A_3 经 2 线—4 线译码器（74LS139）产生 $\overline{Y}_3 \sim \overline{Y}_0$ 4 个片选通信号，分别送到 4 个 4 线—10 线译码器（74LS42）的 A_3 输入端；$A_2 \sim A_0$ 为 4 个 4 线—10 线译码器的地址。因而这 4 个 4 线—10 线译码器实质上完成了 3 线—8 线译码器的功能，每个只取 $\overline{Y}_0 \sim \overline{Y}_7$ 译码输出，所以共 32 个译码输出信号。

表 3-9　4 线—10 线译码器（74LS42）真值表

Table 3-9　Truth table of 4-line-10-line decoder (74LS42)

序号	输	入			输	出								
	A_3	A_2	A_1	A_0	$\overline{Y}_0$	$\overline{Y}_1$	$\overline{Y}_2$	$\overline{Y}_3$	$\overline{Y}_4$	$\overline{Y}_5$	$\overline{Y}_6$	$\overline{Y}_7$	$\overline{Y}_8$	$\overline{Y}_9$
0	0	0	0	0	0	1	1	1	1	1	1	1	1	1
1	0	0	0	1	1	0	1	1	1	1	1	1	1	1
2	0	0	1	0	1	1	0	1	1	1	1	1	1	1
3	0	0	1	1	1	1	1	0	1	1	1	1	1	1
4	0	1	0	0	1	1	1	1	0	1	1	1	1	1
5	0	1	0	1	1	1	1	1	1	0	1	1	1	1
6	0	1	1	0	1	1	1	1	1	1	0	1	1	1
7	0	1	1	1	1	1	1	1	1	1	1	0	1	1
8	1	0	0	0	1	1	1	1	1	1	1	1	0	1
9	1	0	0	1	1	1	1	1	1	1	1	1	1	0
伪码	1	0	1	0	1	1	1	1	1	1	1	1	1	1
	1	0	1	1	1	1	1	1	1	1	1	1	1	1
	1	1	0	0	1	1	1	1	1	1	1	1	1	1
	1	1	0	1	1	1	1	1	1	1	1	1	1	1
	1	1	1	0	1	1	1	1	1	1	1	1	1	1
	1	1	1	1	1	1	1	1	1	1	1	1	1	1

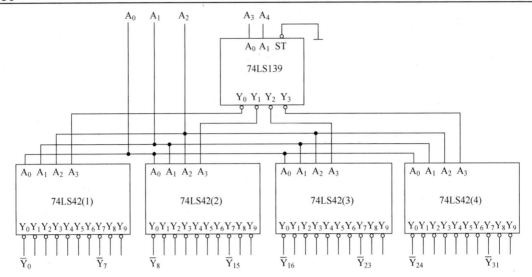

图 3-27　利用 2 线—4 线译码器和 4 线—10 线译码器组成 5 线—32 线译码器的逻辑电路

Fig. 3-27　Logic circuit of 5-line-32-line decoder using 2line-4line decoder and 4line-10line decoder

3．显示译码器（**Display Decoder**）

用来驱动各种显示器件，从而将用二进制代码表示的数字、文字、符号，翻译成人们习惯的形式直观地显示出来的电路，称为显示译码器。由于显示器件和显示方式不同，其译码电路也不同。

（1）七段显示器（Seven Segment Display Device）

为了能以十进制数码直观地显示数字系统的运行数据，通常采用七段显示器，或称七段数码管。这种七段显示器由七条可发光的线段拼合而成，显示的数字图形如图 3-28 所示。常见的七段显示器有半导体数码管和液晶显示器两种。

（a）七段字形　　　　　　　　（b）十进制数码

图 3-28　七段显示的数字图形

Fig. 3-28　Digital graphics with seven segment display

半导体数码管的每个线段都是一个发光二极管（Light Emitting Diode，LED），因而它也称为 LED 数码管。为了方便在数字显示系统中显示小数点，在每个数码管中还有一个 LED 专门用于显示小数点，故其也称为八段数码管。图 3-29 所示为 LED 数码管的外形图和两种内部接法。当输出为低电平控制时，需选用共阳极接法的数码管，使用时公共极（com）通过一个 100Ω 的限流电阻接+5V 电源；当输出为高电平控制时，需选用共阴极接法的数码管，使用时公共极接地。

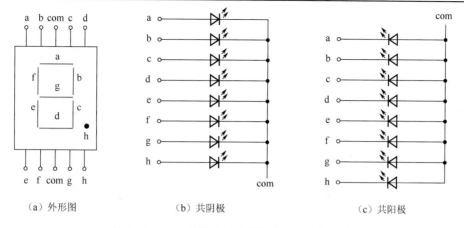

（a）外形图　　　　　　　　（b）共阴极　　　　　　　　（c）共阳极

图 3-29　LED 数码管的外形图和两种内部接法

Fig. 3-29　Outline drawing of LED digital tube and two internal connection methods

　　LED 数码管的特点是工作电压低、体积小、寿命长、亮度高、响应速度快（一般不超过 0.1μs）和工作可靠性强。它的主要缺点是工作电流大，每一段的工作电流在 10mA 左右，功耗较大。

　　另一种常用的七段显示器是液晶显示器（Liquid Crystal Display，LCD），液晶是一种既具有液体的流动性又具有光学特性的有机化合物，它的透明度和呈现的颜色受外加电场的影响，利用这一特点便可做成字符显示器。

　　LCD 显示器的最大优点是功耗极低，每平方厘米的功耗在 1μW 以下。它的工作电压也很低，在 1V 电压以下仍能工作。因此，液晶显示器在电子表及各种小型、便携式仪器仪表中得到了广泛的应用。但是，由于它本身不会发光，仅仅靠反射外界光线显示字形，因此亮度较差。此外，它的响应速度（10～200ms）较慢，因而限制了它在快速系统中的应用。

（2）集成显示译码器（Integrated Display Decoder）

　　半导体数码管和液晶显示器都可以用 TTL 或 CMOS 集成电路直接驱动。为此，就需要使用显示译码器，将 BCD 代码译成数码管所需的七段驱动信号，以便显示出十进制数。

　　常用的集成七段显示译码器 74LS48 的逻辑电路如图 3-30 所示，其功能表如表 3-10 所示。

　　由图 3-30 可见，电路除 $A_3 \sim A_0$ 的 4 位二进制代码输入外，还有 3 个低电平有效的控制输入，下面结合功能表进行介绍。

　　$\overline{LT}$ 为灯测试输入（Lamp Test Input），又称灯测试检查，用来检验芯片本身及数码管七段的工作是否正常。当 $\overline{LT} = 0$ 时，$\overline{BI}/\overline{RBO} = 1$ 是输出，不论 $A_3 \sim A_0$ 输入为何种状态，可驱动数码管的七段同时点亮，显示字形 "8"。芯片正常工作时 $\overline{LT}$ 端应接高电平。

　　$\overline{RBI}$ 为灭零输入（Zero Elimination Input）。在有些情况下，不希望数码 0 显示出来。例如，当显示 4.5 时，不希望显示结果为 004.500，多余的 0 可以用 $\overline{RBI}$ 信号熄灭。当 $\overline{LT} = 1$、$\overline{RBI} = 0$ 且 $A_3 \sim A_0 = 0000$ 时，数码管的七段全不亮，显示器被熄灭，故称灭零。此时，$\overline{BI}/\overline{RBO} = 0$ 是输出，称灭零输出（$\overline{RBO}$）。由功能表可见，$\overline{RBI}$ 只熄灭数码 0，不熄灭其他数码。

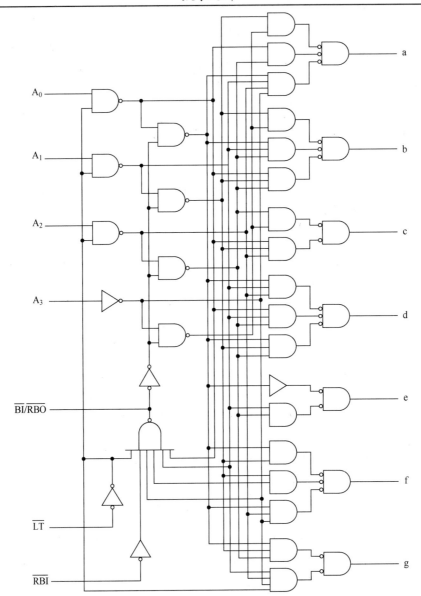

图 3-30　74LS48 的逻辑电路

Fig. 3-30　Logic circuit of 74LS48

表 3-10　74LS48 的功能表

Table 3-10　Function table of 74LS48

十进制数或功能	输　　入						输　　　出								字形
	$\overline{LT}$	$\overline{RBI}$	A_3	A_2	A_1	A_0	$\overline{BI/RBO}$	a	b	c	d	e	f	g	
0	1	1	0	0	0	0	1	1	1	1	1	1	1	0	🯰
1	1	×	0	0	0	1	1	0	1	1	0	0	0	0	🯱
2	1	×	0	0	1	0	1	1	1	0	1	1	0	1	🯲

十进制数	输　入						输　出								字
或功能	$\overline{LT}$	$\overline{RBI}$	A_3	A_2	A_1	A_0	$BI/\overline{RBO}$	a	b	c	d	e	f	g	形
3	1	×	0	0	1	1	1	1	1	1	1	0	0	1	∃
4	1	×	0	1	0	0	1	0	1	1	0	0	1	1	닉
5	1	×	0	1	0	1	1	1	0	1	1	0	1	1	느
6	1	×	0	1	1	0	1	0	0	1	1	1	1	1	ㅂ
7	1	×	0	1	1	1	1	1	1	1	0	0	0	0	¬
8	1	×	1	0	0	0	1	1	1	1	1	1	1	1	ㅂ
9	1	×	1	0	0	1	1	1	1	1	0	0	1	1	ㅁ
10	1	×	1	0	1	0	1	0	0	0	1	1	0	1	⊏
11	1	×	1	0	1	1	1	0	0	1	1	0	0	1	⊐
12	1	×	1	1	0	0	1	0	1	0	0	0	1	1	⊔
13	1	×	1	1	0	1	1	1	0	0	1	0	1	1	⊏
14	1	×	1	1	1	0	1	0	0	0	1	1	1	1	ㅂ
15	1	×	1	1	1	1	1	0	0	0	0	0	0	0	
消隐	×	×	×	×	×	×	0（输入）	0	0	0	0	0	0	0	
灯测试	0	×	×	×	×	×	1	1	1	1	1	1	1	1	日
灭零	1	0	0	0	0	0	0	0	0	0	0	0	0	0	

$\overline{BI}/\overline{RBO}$ 端是双重功能的端口，既可作输入端也可作输出端。$\overline{RBO}$ 为灭零输出，$\overline{BI}$ 为消隐输入。当 $\overline{BI}/\overline{RBO}$ 端作输入端时，$\overline{BI}/\overline{RBO}=0$，即 $\overline{BI}=0$。此时，不论其他所有输入为何值，输出 a～g 全部为低电平，应使显示器处于熄灭状态。但由于 $\overline{BI}$ 输入一般为矩形波振荡信号，短暂的低电平输入时间与数码管的余辉时间相比，很难看出显示器被熄灭的状态，故称消隐。

将 $\overline{BI}/\overline{RBO}$ 与 $\overline{RBI}$ 配合使用，很容易实现多位数码显示的灭零控制。图 3-31 所示为一个**数码译码显示系统**（Digital Decoding Display System）。其中，芯片（1）（百位）的 $\overline{RBI}$ 接地；将芯片（1）的 $\overline{BI}/\overline{RBO}$ 与芯片（2）（十位）的 $\overline{RBI}$ 相连，可使百位灭零时，十位也能灭零；

芯片（3）（个位）的 $\overline{\text{RBI}}$ 接高电平（5V），以保持小数点前的一个零。同理，将芯片（6）（10^{-3} 位）的 $\overline{\text{RBI}}$ 接地；将芯片（6）的 $\overline{\text{BI}}/\overline{\text{RBO}}$ 与芯片（5）（10^{-2} 位）的 $\overline{\text{RBI}}$ 相连；芯片（4）（10^{-1} 位）的 $\overline{\text{RBI}}$ 接高电平（5V），以保持小数点后的一个零。这样就会使不希望显示的 0 熄灭，而 0.1 或 1.0 可以显示出来。

图 3-31 中，还用了一个占空比约为 50% 的**多谐振荡器**（Multivibrator）与 $\overline{\text{BI}}/\overline{\text{RBO}}$ 相连，目的是实现"亮度调节"。显示器在振荡波形的作用下，间歇地闪现数码，又称扫描显示。改变脉冲波形的宽度，可以控制闪现的时间，调节数码管的亮度。

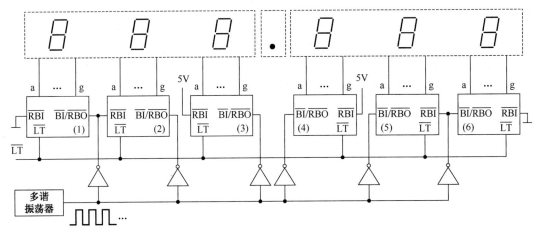

图 3-31 数码译码显示系统

Fig. 3-31 Digital decoding display system

4．译码器的应用（Applications of Decoder）

一个 N 变量的完全译码器（即变量译码器）的输出，包含 N 变量的所有最小项。例如，3 线—8 线译码器的 8 个输出，包含 3 个变量的所有最小项。用 N 变量译码器加上输出门，就能获得任何形式的输入变量不大于 N 的组合逻辑函数。用译码器可以构成函数最小项发生器和数据分配器等。

例 3-7　写出图 3-32 所示电路中 F 的标准与或式和最简与非-与非式。

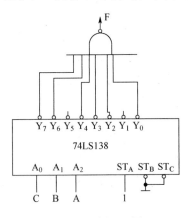

图 3-32　例 3-7 图

Fig. 3-32　Figure of example 3-7

解

$$F = \overline{\overline{m_0} \cdot \overline{m_2} \cdot \overline{m_3} \cdot \overline{m_4} \cdot \overline{m_6} \cdot \overline{m_7}}$$

$$= m_0 + m_2 + m_3 + m_4 + m_6 + m_7$$

$$= \overline{A}\,\overline{B}\,\overline{C} + \overline{A}B\overline{C} + \overline{A}BC + A\overline{B}\,\overline{C} + AB\overline{C} + ABC$$

画卡诺图，如图 3-33 所示。

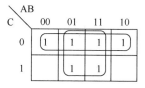

图 3-33　例 3-7 卡诺图

Fig. 3-33　Karnaugh map of example 3-7

$$F = B + \overline{C} = \overline{\overline{B + \overline{C}}} = \overline{\overline{B} \cdot C}$$

例 3-8　试利用 3 线—8 线译码器 74LS138 设计一个多输出的组合逻辑电路。输出的逻辑表达式为

$$\begin{cases} F_1 = A\overline{B} + \overline{B}C + AC \\ F_2 = \overline{A}\,\overline{B} + B\overline{C} + ABC \\ F_3 = \overline{A}C + BC + A\overline{C} \end{cases}$$

解　当选通输入端为有效电平时，3 线—8 线译码器各输出端的逻辑表达式为 $\overline{Y}_i = m_i$。

本题 F_1、F_2、F_3 均为三变量函数，先令函数的输入变量 $ABC = A_2A_1A_0$，再将 F_1、F_2、F_3 变换为最小项之和的形式，并进行变换，得

$$F_1 = A\overline{B} + \overline{B}C + AC = m_1 + m_4 + m_5 + m_7 = \overline{\overline{m_1 \cdot m_4 \cdot m_5 \cdot m_7}} = \overline{\overline{Y}_1\,\overline{Y}_4\,\overline{Y}_5\,\overline{Y}_7}$$

$$F_2 = \overline{A} + B + ABC = m_0 + m_1 + m_2 + m_6 + m_7 = \overline{\overline{m_0 \cdot m_1 \cdot m_2 \cdot m_6 \cdot m_7}} = \overline{\overline{Y}_0\,\overline{Y}_1\,\overline{Y}_2\,\overline{Y}_6\,\overline{Y}_7}$$

$$F_3 = C + BC + A = m_1 + m_3 + m_4 + m_6 + m_7 = \overline{\overline{m_1 \cdot m_3 \cdot m_4 \cdot m_6 \cdot m_7}} = \overline{\overline{Y}_3\,\overline{Y}_4\,\overline{Y}_6\,\overline{Y}_7}$$

用与非门作为 F_1、F_2、F_3 的输出门，就可以得到用 3 线—8 线译码器实现 F_1、F_2、F_3 函数的逻辑电路，如图 3-34 所示。

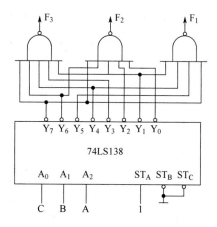

图 3-34　例 3-8 的逻辑电路

Fig. 3-34　Logic circuit of example 3-8

3.3.4 数据选择器（Data Selector）

在数字信息的传输过程中，有时需要从多路并行传输的数据中选通一路送到唯一的输出线上，形成总线传输。这时就要用到数据选择器，亦称为多路转换器、多路调制器、**多路开关**（Multiplexer）。它的功能与数据分配器相反，为多输入、单输出形式。其通用逻辑符号如图 3-35 所示。

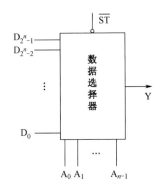

图 3-35 数据选择器通用逻辑符号

Fig. 3-35 General logic symbol of data selector

由图 3-35 可见，数据选择器有 n 条地址输入线（$A_{n-1} \sim A_0$）、2^n 条数据输入线、1 条输出线、1 个选通端。其功能是根据地址线的编码信息，从 2^n 个输入信号中选择一个信号输出。当选通信号有效时，输出 Y 的通用逻辑表达式为

$$Y = \sum_{i=0}^{2^n-1} D_i m_i \tag{3-20}$$

式中，m_i 为地址编码 $A_{n-1} A_{n-2} \cdots A_1 A_0$ 的最小项。

1. 常用数据选择器（Common Data Selector）

目前常用的数据选择器有双 4 选 1 数据选择器和 8 选 1 数据选择器。

（1）双 4 选 1 数据选择器（Dual 1-of-4 Data Selector）

常用的集成双 4 选 1 数据选择器 74HC153 的逻辑电路如图 3-36 所示，它包含两个完全相同的 4 选 1 数据选择器，以虚线分为上下两部分。两个数据选择器共用地址输入端 $A_1 A_0$，而数据输入端和输出端是各自独立的，选通端 $\overline{ST_1}$ 和 $\overline{ST_2}$ 也是独立控制的。

表 3-11 所示为双 4 选 1 数据选择器 74HC153 的功能表。由表可见，当 $\overline{ST_1}$、$\overline{ST_2}$ 均为低有效电平时，Y_1、Y_2 可作为 2 位数的 4 选 1 数据选择输出；当 $\overline{ST_1}$ 和 $\overline{ST_2}$ 分别为低有效电平时，Y_1 和 Y_2 可分别独立作为 1 位数的 4 选 1 数据选择输出；而当 $\overline{ST_1}$、$\overline{ST_2}$ 均为无效电平时，Y_1、Y_2 均为 0。

当选通控制电平有效时，由表 3-11 可写出 Y_1 和 Y_2 的输出函数逻辑表达式为

$$Y_1 = \overline{A}_1 \overline{A}_0 D_{10} + \overline{A}_1 A_0 D_{11} + A_1 \overline{A}_0 D_{12} + A_1 A_0 D_{13}$$
$$Y_2 = \overline{A}_1 \overline{A}_0 D_{20} + \overline{A}_1 A_0 D_{21} + A_1 \overline{A}_0 D_{22} + A_1 A_0 D_{23} \tag{3-21}$$

由双 4 选 1 数据选择器 74HC153 的功能可见，通过多片相同数据选择器地址线的共用（并

联），可实现数据位数的扩展。

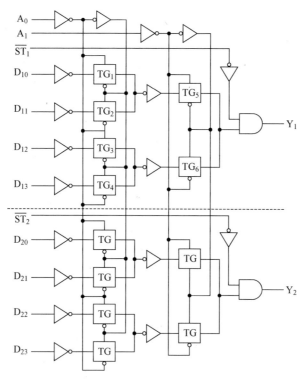

图 3-36　74HC153 的逻辑电路

Fig. 3-36　Logic circuit of 74HC153

表 3-11　74HC153 的功能表

Table 3-11　Function table of 74HC153

$\overline{ST_1}$	$\overline{ST_2}$	A_1	A_0	Y_1	Y_2
0	0	0	0	D_{10}	D_{20}
0	0	0	1	D_{11}	D_{21}
0	0	1	0	D_{12}	D_{22}
0	0	1	1	D_{13}	D_{23}
0	1	0	0	D_{10}	0
0	1	0	1	D_{11}	0
0	1	1	0	D_{12}	0
0	1	1	1	D_{13}	0
1	0	0	0	0	D_{20}
1	0	0	1	0	D_{21}
1	0	1	0	0	D_{22}
1	0	1	1	0	D_{23}
1	1	×	×	0	0

（2）8 选 1 数据选择器（1-of-8 Data Selector）

利用门电路的控制和输出，很容易将集成双 4 选 1 数据选择器扩展成 8 选 1 数据选择器。图 3-37 所示为用 74HC153 构成的 8 选 1 数据选择器。将低位地址输入 A_1、A_0 直接接到

芯片的公共地址端 A_1 和 A_0，高位地址输入 A_2 接至 $\overline{ST_1}$，经非门产生的 $\overline{A_2}$ 接至 $\overline{ST_2}$，同时将输出 Y_1 和 Y_2 相**或**。

根据 74HC153 的功能表，可导出 8 选 1 数据选择器功能表，如表 3-12 所示。

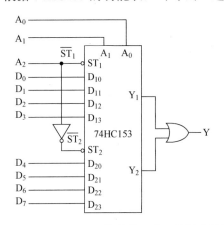

图 3-37　用 74HC153 构成的 8 选 1 数据选择器

Fig. 3-37　1-of-8 data selector composed of 74HC153

表 3-12　8 选 1 数据选择器功能表

Table 3-12　Function table of 1-of-8 data selector

A_2	A_1	A_0	Y_1	Y_2	Y
0	0	0	D_0	0	D_0
0	0	1	D_1	0	D_1
0	1	0	D_2	0	D_2
0	1	1	D_3	0	D_3
1	0	0	0	D_4	D_4
1	0	1	0	D_5	D_5
1	1	0	0	D_6	D_6
1	1	1	0	D_7	D_7

由表 3-12 可写出输出 Y 的逻辑表达式为

$$Y = \overline{A_2}\,\overline{A_1}\,\overline{A_0}\,D_0 + \overline{A_2}\,\overline{A_1}\,A_0 D_1 + \overline{A_2}\,A_1\,\overline{A_0}\,D_2 + \overline{A_2}\,A_1 A_0 D_3 +$$
$$A_2 \overline{A_1}\,\overline{A_0}\,D_4 + A_2\,\overline{A_1}\,A_0 D_5 + A_2 A_1\,\overline{A_0}\,D_6 + A_2 A_1 A_0 D_7 \tag{3-22}$$

常用集成 8 选 1 数据选择器还有 74HC151，其逻辑符号如图 3-38 所示。它有原码和反码两个输出端，其功能表如表 3-13 所示。

利用选通端 $\overline{ST}$ 可以实现功能扩展。图 3-39 所示为由 4 片 8 选 1 数据选择器和 1 片 4 选 1 数据选择器构成的 32 选 1 数据选择器逻辑电路。当 $A_4 A_3 = 00$ 时，由 $A_2 \sim A_0$ 选择片（1）输入 $D_7 \sim D_0$ 中的数据；当 $A_4 A_3 = 01$ 时，由 $A_2 \sim A_0$ 选择片（2）输入 $D_{15} \sim D_8$ 中的数据；当 $A_4 A_3 = 10$ 时，由 $A_2 \sim A_0$ 选择片（3）输入 $D_{23} \sim D_{16}$ 中的数据；当 $A_4 A_3 = 11$ 时，由 $A_2 \sim A_0$ 选择片（4）输入 $D_{31} \sim D_{24}$ 中的数据。

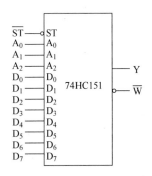

图 3-38　74HC151 逻辑符号

Fig. 3-38　Logic symbol 74HC151

表 3-13　74HC151 功能表

Table 3-13　Function table of 74HC151

$\overline{ST}$	A_2	A_1	A_0	Y	$\overline{W}$
1	×	×	×	0	1
0	0	0	0	D_0	$\overline{D_0}$
0	0	0	1	D_1	$\overline{D_1}$
0	0	1	0	D_2	$\overline{D_2}$
0	0	1	1	D_3	$\overline{D_3}$
0	1	0	0	D_4	$\overline{D_4}$
0	1	0	1	D_5	$\overline{D_5}$
0	1	1	0	D_6	$\overline{D_6}$
0	1	1	1	D_7	$\overline{D_7}$

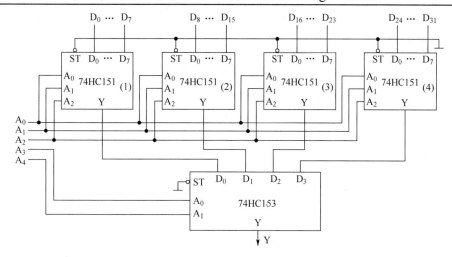

图 3-39   由 8 选 1 和 4 选 1 数据选择器扩展为 32 选 1 数据选择器逻辑电路

Fig. 3-39   Logic circuit of 1-of-32 data selector expanded from 1-of-8 and 1-of-4 data selector

2. 数据选择器的应用（Applications of Data Selector）

数据选择器除可以用来选择输入信号、实现多路开关的功能外，还可以作为函数发生器，实现组合逻辑函数。

（1）用具有 N 个地址输入端的数据选择器实现 M 变量逻辑函数（$M \leqslant N$）

如果逻辑函数的变量数 M 与数据选择器地址的变量数 N 相同，那么数据选择器的数据输入端数与逻辑函数的最小项数相同，这时用数据选择器实现组合逻辑函数是十分方便的。首先将逻辑函数的输入变量按次序接至数据选择器的地址端，于是逻辑函数的最小项 m_i 便同数据选择器的数据输入端 D_i 一一对应了。如果逻辑函数包含某些最小项，则将与它们对应的数据选择器的数据输入端接 1，否则接 0，由此在数据选择器的输出端便可得到该逻辑函数。

例 3-9   试用 8 选 1 数据选择器实现逻辑函数：
$$F = \overline{A}B + A\overline{B} + C$$

解   将 F 填入卡诺图，如图 3-40 所示。

求出 F 的最小项表达式。

$$F(A, B, C) = \sum m(1, 2, 3, 4, 5, 7)$$

对于 8 选 1 数据选择器，地址线 $n = 3$，顺序输入 A、B、C；对照 8 选 1 数据选择器的输出逻辑表达式为

$$Y = \sum_{i=0}^{7} D_i m_i$$

得 $D_1 = D_2 = D_3 = D_4 = D_5 = D_7 = 1$，$D_0 = D_6 = 0$。

画出用 8 选 1 数据选择器实现的逻辑电路如图 3-41 所示。

当输入变量数 M 小于数据选择器的地址端数 N 时，只需将高位地址端接地并将相应的数据输入端接地即可。

例 3-10   试用 8 选 1 数据选择器实现逻辑函数：
$$F = \overline{A}B + A\overline{B}$$

解   因为 F 可直接写成最小项表达式：

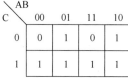

	AB			
C	00	01	11	10
0	0	1	0	1
1	1	1	1	1

图 3-40   例 3-9 卡诺图

Fig. 3-40   Karnaugh map of example 3-9

$$F(A, B) = \sum m\,(1, 2)$$

所以令 $A_2 = 0$，$A_1 = A$，$A_0 = B$；$D_1 = D_2 = 1$，$D_0 = D_3 = D_4 = D_5 = D_6 = D_7 = 0$。

画出用 8 选 1 数据选择器实现的逻辑电路如图 3-42 所示。

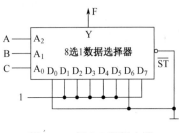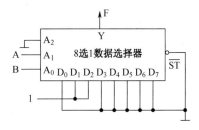

图 3-41　例 3-9 逻辑电路　　　　　　　　图 3-42　例 3-10 逻辑电路

Fig. 3-41　Logic circuit of example 3-9　　　Fig. 3-42　Logic circuit of example 3-10

（2）用具有 N 个地址输入端的数据选择器实现 M 变量逻辑函数（$M > N$）

N 个地址端的数据选择器共有 2^N 个数据输入端，而 M 变量的逻辑函数共有 2^M 个最小项。因为 $2^M > 2^N$，所以用 N 个地址端的数据选择器来实现 M 变量的逻辑函数，一种方法是将 2^N 选 1 数据选择器扩展为 2^M 选 1 数据选择器，称为**扩展法**（Extension Method）；另一种方法是采用降维的方法将 M 变量的逻辑函数转换成为 N 变量的逻辑函数，因此可以用 2^N 选 1 数据选择器实现具有 2^M 个最小项的逻辑函数，通常称为**降维图法**（Reduced-dimension Map Method）。

① 扩展法

前面已经介绍了常用数据选择器及其扩展的方法，下面举例说明实现逻辑函数的具体应用。

例 3-11　试用 8 选 1 数据选择器实现 4 变量逻辑函数：

$$F(A, B, C, D) = \sum m\,(0, 3, 6, 7, 10, 11, 13, 14)$$

解　8 选 1 数据选择器有 3 个地址端和 8 个数据输入端，而 4 变量逻辑函数一共有 16 个最小项，所以采用两片 8 选 1 数据选择器扩展成 16 选 1 数据选择器，逻辑电路如图 3-43 所示。

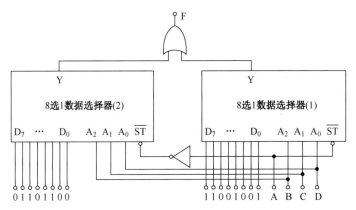

图 3-43　例 3-11 逻辑电路

Fig. 3-43　Logic circuit of example 3-11

图 3-43 中，片（1）的选通信号 $\overline{\text{ST}}$ 接高位变量输入 A，输入变量 B、C、D 作为两片 8 选 1 数据选择器地址端 $A_2A_1A_0$ 的输入地址。当 $A = 0$ 时，片（1）执行数据选择功能，片（2）被封锁，在 B、C、D 输入变量作用下，输出 $m_0 \sim m_7$ 中的函数值；当 $A = 1$ 时，片（1）被封

锁，片（2）执行数据选择功能，在 B、C、D 输入变量作用下，输出 $m_8 \sim m_{15}$ 中的函数值。所以，根据 F 逻辑表达式中的最小项编号，可输入数据：

$$D_0 = D_3 = D_6 = D_7 = D_{10} = D_{11} = D_{13} = D_{14} = 1$$

$$D_1 = D_2 = D_4 = D_5 = D_8 = D_9 = D_{12} = D_{15} = 0$$

② 降维图法

在函数的卡诺图中，函数的所有变量均为卡诺图的变量，图中每个最小项小方格，都填有 1、0 或任意项×。一般将卡诺图的变量数称为该图的维数。如果把某些变量也作为卡诺图小方格内的值，则会减少卡诺图的维数，这种卡诺图称为降维卡诺图，简称降维图。作为降维图小方格中值的那些变量称为记图变量。

降维的方法是，如果记图变量为 X，对原卡诺图（或降维图），当 X = 0 时，原图单元值为 f；当 X = 1 时，原图单元值为 g，则在新的降维图中，对应的降维图单元填入子函数 $\overline{X} \cdot f + X \cdot g$。其中，f 和 g 可以为 0，可以为 1；可以为某一变量，也可以为某一函数。

例 3-12　用 8 选 1 数据选择器实现函数：

$$F(A, B, C, D) = \sum m (1, 5, 6, 7, 9, 11, 12, 13, 14)$$

解　作出 F 的卡诺图，如图 3-44（a）所示。以 D 作为记图变量，经过一次降维得 3 变量降维图，如图 3-44（b）所示。对应的逻辑电路如图 3-45 所示。

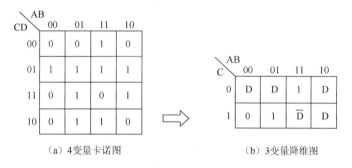

（a）4变量卡诺图　　　　　　（b）3变量降维图

图 3-44　例 3-12 降维过程

Fig. 3-44　Dimensionality reduction process of example 3-12

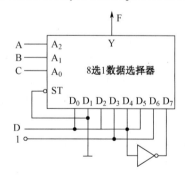

图 3-45　例 3-12 逻辑电路

Fig. 3-45　Logic circuit of example 3-12

3.3.5　数值比较器（Numerical Comparator）

在各种数字系统中，经常需要对两个二进制数进行大小判别，然后根据判别结果执行某种操作。数值比较器是用来比较两个相同位数二进制数大小及是否相等的组合逻辑电路。其输入为要进行比较的两个二进制数，输出为比较的三个结果——大于、小于、等于。

1．1 位数值比较器（1-bit Numerical Comparator）

能够完成两个 1 位二进制数 A 和 B 比较的电路，称为 1 位数值比较器。A、B 是输入信号，输出信号是比较结果。比较结果有 3 种情况，即 $A > B$、$A < B$、$A = B$，分别用 $F_{A>B}$、$F_{A<B}$、$F_{A=B}$ 表示。并规定当 $A > B$ 时，令 $F_{A>B} = 1$；当 $A < B$ 时，令 $F_{A<B} = 1$；当 $A = B$ 时，令 $F_{A=B} = 1$。其真值表如表 3-14 所示。由真值表可写出其逻辑表达式为

$$\begin{cases} F_{A>B} = A\overline{B} \\ F_{A<B} = \overline{A}B \\ F_{A=B} = \overline{A}\,\overline{B} + AB = A \odot B \end{cases} \quad (3\text{-}23)$$

由逻辑表达式画出逻辑电路，如图 3-46 所示。

表 3-14　1 位数值比较器真值表

Table 3-14　Truth table of 1-bit numerical comparator

输　入		输　出		
A	B	$F_{A>B}$	$F_{A<B}$	$F_{A=B}$
0	0	0	0	1
0	1	0	1	0
1	0	1	0	0
1	1	0	0	1

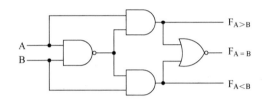

图 3-46　1 位数值比较器逻辑电路

Fig. 3-46　Logic circuit of 1-bit numerical comparator

2．多位数值比较器（Multi-bit Numerical Comparator）

在比较两个多位二进制数的大小时，必须自高而低地逐位比较，而且只有在高位相等时，才需要比较低位。现以比较两个 4 位二进制数 $A = A_3A_2A_1A_0$ 和 $B = B_3B_2B_1B_0$ 为例，说明多位数值比较器的设计方法。

先从高位比较开始，如果 $A_3 > B_3$，那么不管其他几位数码各为何值，肯定是 $A > B$，则 $F_{A>B} = 1$，$F_{A<B} = 0$，$F_{A=B} = 0$。反之，若 $A_3 < B_3$，同样不管其他几位数码为何值，肯定是 $A < B$，则 $F_{A>B} = 0$，$F_{A<B} = 1$，$F_{A=B} = 0$。如果 $A_3 = B_3$，这就必须通过比较次高位 A_2 和 B_2 来判断 A 和 B 的大小了。依次类推，直至比较出结果，故可列出 4 位数值比较器的功能表，如表 3-15 所示。表中，输入 $I_{A>B}$、$I_{A<B}$ 和 $I_{A=B}$ 是两个级联的低位数 A 和 B 比较出的结果，称级联输入。设置级联输入是为了便于数值比较器的位数扩展。当仅对 4 位数值进行比较时，令 $I_{A>B} = I_{A<B} = 0$ 和 $I_{A=B} = 1$ 即可。

表 3-15　4 位数值比较器功能表

Table 3-15　Function table of 4-bit numerical comparator

输　入							输　出		
$A_3\,B_3$	$A_2\,B_2$	$A_1\,B_1$	$A_0\,B_0$	$I_{A>B}$	$I_{A<B}$	$I_{A=B}$	$F_{A>B}$	$F_{A<B}$	$F_{A=B}$
$A_3 > B_3$	××	××	××	×	×	×	1	0	0
$A_3 < B_3$	××	××	××	×	×	×	0	1	0

输　入							输　出		
$A_3 B_3$	$A_2 B_2$	$A_1 B_1$	$A_0 B_0$	$I_{A>B}$	$I_{A<B}$	$I_{A=B}$	$F_{A>B}$	$F_{A<B}$	$F_{A=B}$
$A_3 = B_3$	$A_2 > B_2$	× ×	× ×	×	×	×	1	0	0
$A_3 = B_3$	$A_2 < B_2$	× ×	× ×	×	×	×	0	1	0
$A_3 = B_3$	$A_2 = B_2$	$A_1 > B_1$	× ×	×	×	×	1	0	0
$A_3 = B_3$	$A_2 = B_2$	$A_1 < B_1$	× ×	×	×	×	0	1	0
$A_3 = B_3$	$A_2 = B_2$	$A_1 = B_1$	$A_0 > B_0$	×	×	×	1	0	0
$A_3 = B_3$	$A_2 = B_2$	$A_1 = B_1$	$A_0 < B_0$	×	×	×	0	1	0
$A_3 = B_3$	$A_2 = B_2$	$A_1 = B_1$	$A_0 = B_0$	1	0	0	1	0	0
$A_3 = B_3$	$A_2 = B_2$	$A_1 = B_1$	$A_0 = B_0$	0	1	0	0	1	0
$A_3 = B_3$	$A_2 = B_2$	$A_1 = B_1$	$A_0 = B_0$	0	0	1	0	0	1

由 4 位数值比较器的功能表，写出输出逻辑表达式：

$$
\begin{cases}
F_{A>B} = A_3\overline{B_3} + (A_3 \odot B_3)A_2\overline{B_2} + (A_3 \odot B_3)(A_2 \odot B_2)(A_1\overline{B_1}) + \\
\qquad (A_3 \odot B_3)(A_2 \odot B_2)(A_1 \odot B_1)A_0\overline{B_0} + \\
\qquad (A_3 \odot B_3)(A_2 \odot B_2)(A_1 \odot B_1)(A_0 \odot B_0)I_{A>B}\overline{I}_{A<B}\overline{I}_{A=B} \\
F_{A<B} = \overline{A_3}B_3 + (A_3 \odot B_3)\overline{A_2}B_2 + (A_3 \odot B_3)(A_2 \odot B_2)\overline{A_1}B_1 + \\
\qquad (A_3 \odot B_3)(A_2 \odot B_2)(A_1 \odot B_1)\overline{A_0}B_0 + \\
\qquad (A_3 \odot B_3)(A_2 \odot B_2)(A_1 \odot B_1)(A_0 \odot B_0)I_{A<B}\overline{I}_{A>B}\overline{I}_{A=B} \\
F_{A=B} = (A_3 \odot B_3)(A_2 \odot B_2)(A_1 \odot B_1)(A_0 \odot B_0)I_{A=B}\overline{I}_{A>B}\overline{I}_{A<B}
\end{cases}
\tag{3-24}
$$

根据输出逻辑表达式，可设计出 4 位数值比较器的逻辑电路。常用集成 4 位数值比较器 74LS85 的内部电路，就是按以上表达式连接而成的，其功能表如表 3-15 所示。

3. 数值比较器的应用（Applications of Numerical Comparator）

利用 $I_{A>B}$、$I_{A<B}$ 和 $I_{A=B}$ 这 3 个级联输入，可以方便地实现数值比较器的位数扩展。位数扩展的方法有串联和并联两种，当位数较少且速度要求不高时，常采用串联方式；当位数较多且速度要满足一定要求时，应采用并联方式。

例 3-13 用 4 位数值比较器 74LS85 设计 8 位数值比较器。

解 可以将两片芯片串联，即将低位芯片的输出端 $F_{A>B}$、$F_{A<B}$ 和 $F_{A=B}$，分别接高位芯片级联输入端 $I_{A>B}$、$I_{A<B}$ 和 $I_{A=B}$，如图 3-47 所示。这样，当高 4 位都相等时，就可由低 4 位来决定两数的大小。

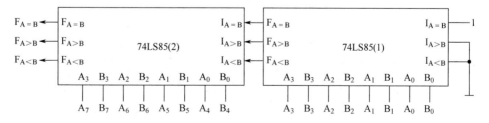

图 3-47　两片 74LS85 扩展为 8 位数值比较器

Fig. 3-47　Two pieces of 74LS85 expanded into 8-bit numerical comparator

3.4 组合逻辑电路的竞争冒险
（Competitive Hazard in Combinational Logic Circuit）

在组合逻辑电路的分析和设计中，通常都认为逻辑门具有理想的功能特性，而没有考虑逻辑器件的一些电气特性，并且是在输入/输出都处于稳定情况下讨论的。为了保证系统工作的可靠性，有必要再观察当输入信号逻辑电平发生变化的瞬间电路的工作情况。

3.4.1 竞争冒险现象及分类
（Phenomenon and Classification of Competitive Hazard）

理想情况下，在组合逻辑电路的设计中，假设电路的连线和集成门电路都没有延迟，电路中的多个输入信号发生变化都是同时瞬间完成的。实际上，信号通过连线及集成门都有一定的延迟时间，输入信号变化也需要一个过渡时间，多个输入信号发生变化时也可能有先后快慢的差异。因此，在理想情况下设计的组合逻辑电路，受到上述因素的影响后，可能在输入信号发生变化的瞬间，在输出端出现一些不正确的尖峰信号。这些尖峰信号又称**毛刺信号**（Burr Signal），主要是由信号经不同的路径或控制到达同一点的时间不同而产生的竞争引起的，故称之为竞争冒险现象，简称竞争冒险或冒险。它分为**静态冒险**（Static Hazard）和**动态冒险**（Dynamic Hazard）两大类。动态冒险只有在多级电路中才会发生，在两级与或、或与电路中是不会发生的。因而，在组合逻辑电路设计中，采用卡诺图化简得到的最简与或式、或与式不存在动态冒险的问题。因此，本节仅讨论静态冒险的判断和避免的方法。

在组合逻辑电路中，如果输入信号变化前、后稳定输出相同，而在转换瞬间有冒险，称为静态冒险。静态冒险分为静态 1 冒险和静态 0 冒险两种。

1. 静态 1 冒险（Static-1 Hazard）

如果输入信号变化前、后稳定输出为 0，而转换瞬间出现 1 的毛刺（序列为 0-1-0），这种静态冒险称为静态 1 冒险。如图 3-48（a）所示电路中，$Y_1 = A\overline{A}$，如果不考虑非门的传输延迟时间，则输出 Y_1 始终为 0。但考虑了非门的平均传输延迟 t_{pd} 后，由于 $\overline{A}$ 的下降沿要滞后于 A 的上升沿，因此在 t_{pd} 的时间内，与门的两个输入端都会出现高电平，致使它的输出端出现一个高电平窄脉冲，即出现了静态 1 冒险，如图 3-48（b）所示。t_{pd} 时间很短，这个窄脉冲就像一毛刺。

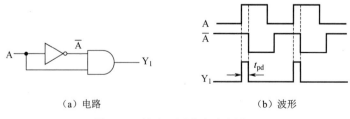

（a）电路   （b）波形

图 3-48 静态 1 冒险电路和波形

Fig. 3-48 Circuit and waveform of static-1 hazard

由图 3-48 可见，一个变量的原变量和反变量同时加到**与**门输入端时，就会产生静态 1 冒险，即 $Y = A\overline{A}$ 存在竞争冒险现象。

2. 静态 0 冒险（Static-0 Hazard）

如果输入信号变化前、后稳定输出为 1，而转换瞬间出现 0 的毛刺（序列为 1-0-1），这种静态冒险称为静态 0 冒险。如图 3-49（a）所示电路中，$Y_2 = A + \overline{A}$，如果不考虑**非**门的传输延迟时间，则输出 Y_2 始终为 1。但考虑了**非**门的平均传输延迟 t_{pd} 后，由于 $\overline{A}$ 的上升沿要滞后于 A 的下降沿，因此在 t_{pd} 的时间内，**或**门的两个输入端都会出现低电平，致使它的输出端出现一个低电平窄脉冲，即出现了静态 0 冒险，如图 3-49（b）所示。

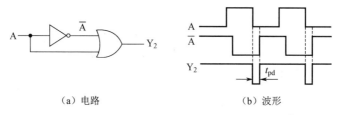

（a）电路　　　　　　　　　　（b）波形

图 3-49　静态 0 冒险电路和波形

Fig. 3-49　Circuit and waveform of static-0 hazard

由图 3-49 可见，一个变量的原变量和反变量同时加到**或**门输入端时，就会产生静态 0 冒险，即 $Y = A + \overline{A}$ 存在竞争冒险现象。

3.4.2　竞争冒险的判断（Judgment of Competitive Hazard）

在输入变量每次只有一个改变状态的简单情况下，可以通过电路的输出逻辑表达式或卡诺图来判断组合逻辑电路是否存在竞争冒险现象，这就是常用的代数法和卡诺图法。

1. 代数法（Algebra Method）

由前述静态冒险的特例推广到一般情况。在一定条件下，如果电路的输出逻辑函数等于某个原变量与其反变量之积（$Y = A\overline{A}$）或之和（$Y = A + \overline{A}$），则电路存在竞争冒险现象。

例 3-14　试用代数法判断图 3-50 所示电路是否存在竞争冒险现象。

解　由图 3-50 电路写出输出逻辑表达式为

$$Y = AB + \overline{A}C$$

当 $B = C = 1$ 时，$Y = A + \overline{A}$，所以图 3-50 电路存在竞争冒险现象。

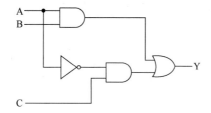

图 3-50　例 3-14 逻辑电路

Fig.3-50　Logic circuit of example 3-14

2. 卡诺图法

可以用卡诺图判断电路是否存在竞争冒险现象。在电路输出函数的卡诺图上，凡存在乘积项包围圈相邻者，都存在竞争冒险现象；若相交或不相邻，则无竞争冒险现象。

例 3-15 试用卡诺图法判断图 3-50 所示电路是否存在竞争冒险现象。

解 由图 3-50 电路写出输出逻辑表达式为

$$Y = AB + \overline{A}C$$

画出对应的卡诺图，如图 3-51 所示，虚线框中的两个相邻 1 格没有被包围圈所包围，因此该电路存在静态 1 冒险。

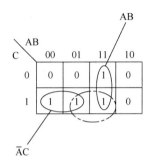

图 3-51　例 3-15 卡诺图

Fig. 3-51　Karnaugh map of example 3-15

上述两种方法虽然简单，但有局限性，因为多数情况下输入变量都有两个以上同时改变的可能性。在多个输入变量同时发生状态改变时，如果输入变量数目又多，便很难从逻辑表达式或卡诺图上简单地找出所有可能产生竞争冒险的情况，但可以通过计算机辅助分析，迅速查出电路是否存在竞争冒险现象，目前已有成熟的程序可供选用。

3.4.3　竞争冒险的消除（**Elimination of Competitive Hazard**）

竞争冒险产生的毛刺信号的宽度和门电路的平均传输延迟时间相近，其为纳秒级的窄脉冲。当组合逻辑电路的工作频率较低（小于 1MHz）时，由于竞争冒险的时间很短，因此基本不影响电路的逻辑功能。但当工作频率较高（大于 10MHz）时，必须考虑避免竞争冒险的有效措施，常用的方法为修改逻辑设计、引入选通脉冲和加输出滤波电容。

1. 修改逻辑设计（**Modify Logical Design**）

在电路的输出逻辑函数中，通过增加冗余项的方法，可以避免产生原变量与其反变量之积（$Y = A\overline{A}$）或者之和（$Y = A + \overline{A}$）的输出情况。在例 3-14 中增加冗余项 BC，则输出逻辑函数改为

$$Y = AB + \overline{A}C + BC$$

那么，当 B = C = 1 时，Y = 1，克服了 $A + \overline{A}$ 的竞争冒险现象。

用增加冗余项的方法克服竞争冒险现象适用范围是有限的，它只适用于输入变量每次只有一个改变状态的简单情况。

2．引入选通脉冲（Add Strobe Pulse）

从上述对竞争冒险的分析可以看出，该现象仅仅发生在输入信号变化转换的瞬间，在稳定状态是没有冒险信号的。因此，引入选通脉冲，错开输入信号发生转换的瞬间，正确反映组合逻辑电路稳定时的输出值，可以有效地避免各种竞争冒险现象。

在图 3-52（a）电路中，引入了选通脉冲 P，当有冒险脉冲时，利用选通脉冲将输出级锁住，使冒险脉冲不能输出；而当冒险脉冲消失之后，选通脉冲又允许正常输出。P 的高电平出现在电路到达稳定状态之后，所以与门的输出端不会出现尖峰脉冲，波形如图 3-52（b）所示。

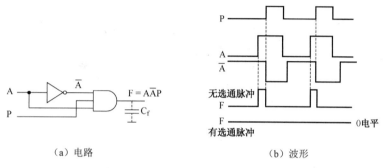

（a）电路　　　　　　　　　　（b）波形

图 3-52　引入选通脉冲消除竞争冒险

Fig. 3-52　Introducing strobe pulse to overcome competitive hazard

值得注意的是，引入选通脉冲后，组合逻辑电路的输出已不是电平信号，而转变为脉冲信号了。

3．加输出滤波电容（Add Output Filter Capacitor）

由竞争冒险而产生的毛刺信号一般都很窄（纳秒级），所以只要在输出端并接一个很小的滤波电容，如图 3-52（a）中虚线所示的 C_f，就足以将毛刺信号的幅度削弱至门电路的阈值电平以下，从而忽略不计。这种方法的优点是简单易行，但缺点是增加了输出波形的上升时间和下降时间，使波形变差。故它只适合对输出波形边沿要求不高的情况。

本章小结（Summary）

本章重点介绍了组合逻辑电路的分析方法和设计方法、常用中规模组合逻辑电路的功能及其应用，以及组合逻辑电路中的竞争冒险现象。前两点是需要重点掌握的内容。

组合逻辑电路的分析步骤如下：

已知组合逻辑电路→逐级导出输出逻辑表达式→变换和简化逻辑表达式→列出真值表→归纳电路的逻辑功能。

用门电路设计组合逻辑电路的步骤如下：

对实际问题进行逻辑抽象→列出真值表→写出逻辑表达式→根据器件要求进行简化及变换→画出逻辑电路。

常用的中规模组合逻辑电路有加法器、编码器、译码器、数据选择器、数值比较器等。

为了扩展逻辑功能和增加使用的灵活性，大部分组合逻辑电路都设计了附加的控制端。利用这些控制端，可以最大限度地发挥器件的潜能，还可以设计出其他的组合逻辑电路。

在采用中规模器件设计组合逻辑电路时，由于大多数器件是专用的功能器件，因此用这些功能器件实现组合逻辑函数，基本采用逻辑函数对比的方法。每种组合逻辑的中规模器件都具有某种确定的逻辑功能，都可以写出其输出和输入关系的逻辑表达式。因此，可以将要实现的逻辑表达式进行变换，尽可能变换成与某些中规模器件的逻辑表达式类似的形式。

如果需要实现的逻辑函数与某些中规模器件的逻辑表达式形式上完全一致，则使用这种器件最方便。如果需要实现的逻辑函数是某种中规模器件的逻辑表达式的一部分，而且逻辑函数的变量数比中规模器件的输入变量数少，则只需对中规模器件的多余输入端做适当的处理（固定为 1 或固定为 0），便可方便地实现需要的逻辑函数；如果需要实现的逻辑函数的变量数比中规模器件的输入变量多，则可以通过扩展和降维的方法来实现。

竞争冒险是组合逻辑电路在状态转换过程中会经常出现的一种现象。如果负载对尖峰脉冲敏感，则必须要克服它。消除竞争冒险的方法有修改逻辑设计、引入选通脉冲和加输出滤波电容等。

习　　题（Exercises）

3-1　分析题 3-1 图（a）、（b）所示电路的逻辑功能。

Analyze the logic function of the circuit shown in figure of exercise 3-1 (a) and (b).

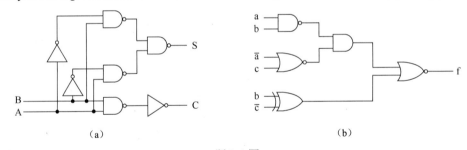

（a）　　　　　　　　　　　　　　　　（b）

题 3-1 图

Figure of exercise 3-1

3-2　用与非门设计一个判别电路，以判别 8421 码所表示的十进制数是否大于或等于 5。

Please use NAND gate to design a discriminant circuit to determine whether the value of the decimal number represented by 8421 code is greater than or equal to 5.

3-3　某学期考试有 4 门课程，数学 7 学分；英语 5 学分；政治 4 学分；体育 2 学分。每个学生总计要获得 10 个以上学分才能通过本学期考试。要求写出反映学生是否通过本学期考试的逻辑函数，并用或非门实现，画出逻辑电路。

Four courses in a semester, math: 7 credits; English: 5 credits; Politics: 4 credits; Physical Education: 2 credits. Each student needs a total of more than 10 credits to pass the exam of this semester. Write a logical function that reflects whether the student had pass the exam of this semester with NOR gate implementation, and draw the logic circuit.

3-4　用双 4 选 1 数据选择器 74LS153 实现的逻辑电路如题 3-4 图所示，试写出输出的逻辑表达式。

The logic circuit realized by the dual 1-of-4 data selector 74LS153 is shown in figure of exercise 3-4. Try to write the logic expression of output.

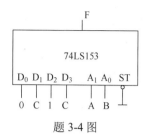

题 3-4 图

Figure of exercise 3-4

3-5　某密码锁有 3 个按键，分别是 A、B、C。当 3 个键均不按下时，锁打不开，也不报警；当只有一个键按下时，锁打不开，且发出报警信号；当有两个键同时按下时，锁打开，不报警。当三个键都按下时，锁打开，但要报警。试设计此逻辑电路，分别使用①门电路；②3 线—8 线译码器和与非门；③双 4 选 1 数据选择器和非门。

A combination lock with three keys, namely A, B and C. When the three keys are not pressed, the lock will not open, and will not alarm. When only one key is pressed, the lock cannot be opened and an alarm signal is sent. When two keys are pressed at the same time, the lock is opened and does not alarm. When all three keys are pressed, the lock is opened, but an alarm is called. Please design a logic circuit, respectively using: ①Gate circuit; ②3-line-8-line decoder and NAND gate; ③Dual 1-of-4 data selector and NOT gate.

3-6　用 8 选 1 数据选择器和门电路实现函数：

Implement the function with 1-of-8 data selector and a few gate circuits:

$F(A,B,C,D) = \sum m(1,2,3,5,6,8,9,12)$

3-7　设计一种逻辑电路，用于监控交通信号灯的工作状态。每组信号灯由三盏灯组成：红色灯、黄色灯和绿色灯（R，Y，G）。一般情况下，任何时候只有一盏灯亮起。黑色表示亮，白色表示不亮。当题 3-7 图所示的其他五种状态出现时，需要故障信号（Z = 1）。该电路使用 4 选 1 数据选择器 74HC153 和非门来实现。

Design a logic circuit for monitoring the working state of traffic lights. Each group of signal lamps consists of three lamps: red, yellow and green (R, Y, G). Under normal circumstance, only one lamp lights up at any time. Black means bright, white means not bright. When the other five states shown in figure of exercise 3-7 occur, a fault signal (Z = 1) is required. This circuit is realized by using 1-of-4 data selector 74HC153 and NOT Gate .

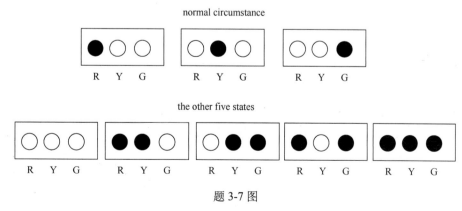

题 3-7 图

Figure of exercise 3-7

3-8 利用 3 线—8 线译码器 74HC138 设计一个多输出的组合逻辑电路。输出逻辑表达式如下所示。

Please use 3-line-8-line decoder 74HC138 to design a multi-output combined logic circuit. The output logic expressions are as follows.

$$F_1 = A\overline{C} + \overline{A}BC + A\overline{B}C$$
$$F_2 = BC + \overline{A}\,\overline{B}C$$
$$F_3 = \overline{A}B + A\overline{B}C$$
$$F_4 = \overline{A}B\overline{C} + \overline{B}\,\overline{C} + ABC$$

3-9 设计一个多功能组合逻辑电路，要求实现如题 3-9 表所示的逻辑功能。其中，M_1、M_0 为选择信号，A、B 为输入逻辑变量，F 为输出，试用 4 选 1 数据选择器实现。

Design a multi-functional combinational logic circuit, which requires the realization of logic functions as listed in table of exercise 3-9. Where M_1 and M_0 are the selection signals, A and B are the input logic variables, and F is the output. Try use 1-of-4 data selector to implement it.

题 3-9 表

Table of exercise 3-9

M_1	M_0	F
0	0	$\overline{A+B}$
0	1	AB
1	0	$A \oplus B$
1	1	$A \odot B$

3-10 组合逻辑电路为什么会出现竞争冒险现象？如何判断组合逻辑电路在某些输入信号变化时是否会出现竞争冒险？如何避免或消除竞争冒险？

Why is there competitive hazard in combinational logic circuit? How to judge whether there will be competitive hazard in combinational logic circuit when some input signals change? How to avoid or eliminate competitive hazard?

第 4 章　触　发　器
（Flip-Flop）

4.1　概　　述（Overview）

在数字电路中，除需要对数字信号进行各种算术运算或逻辑运算外，还需要对原始数据和运算结果进行存储。为了寄存二进制编码信息，数字系统中通常采用触发器作为存储器件。触发器是构成时序逻辑电路的基本逻辑器件，它有两个稳定的状态，即 0 状态和 1 状态。在不同的输入情况下，触发器可以被置成 0 状态或 1 状态；当输入信号消失后，触发器所置成的状态能够保持不变。因此，触发器可以记忆二值信号。

根据逻辑功能的不同，触发器可以分为 RS 触发器、D 触发器、JK 触发器和 T 触发器；按照结构形式的不同，又可分为基本 RS 触发器、同步触发器、主从触发器和边沿触发器等。本章主要介绍触发器的逻辑功能和描述方法。

4.2　基本 RS 触发器（Basic RS Flip–Flop）

4.2.1　电路组成和工作原理（Circuit Composition and Working Principle）

基本 RS 触发器由两个**或非门**交叉耦合构成，如图 4-1 所示。基本 RS 触发器是所有触发器中最简单的一种，同时也是其他各种触发器的基本组成部分。

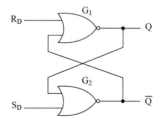

图 4-1　由或非门组成的基本 RS 触发器

Fig. 4-1　Basic RS flip-flop consisting of NOR gate

基本 RS 触发器的工作原理分析如下。

图 4-1 中，G_1 和 G_2 是两个或非门，触发器有两个输入端 S_D 和 R_D，Q 和 $\overline{Q}$ 是触发器的两个

输出端。当 $Q=0$、$\overline{Q}=1$ 时，称触发器状态为 0；当 $Q=1$、$\overline{Q}=0$ 时，称触发器状态为 1。

（1）当 $S_D=0$、$R_D=0$ 时，触发器具有保持功能。

如果触发器的原状态为 1（即 $Q=1$、$\overline{Q}=0$），则门 G_2 的输出 $\overline{Q}=0$。而 $\overline{Q}=0$ 和 $R_D=0$，使门 G_1 的输出 $Q=1$ 且保持不变，同时 $Q=1$ 又使门 G_2 的输出 $\overline{Q}=0$ 且保持不变。如果触发器的原状态为 0（即 $Q=0$、$\overline{Q}=1$），则门 G_2 的输出 $\overline{Q}=1$，使门 G_1 的输出 $Q=0$ 且保持不变，而 $Q=0$ 与 $S_D=0$ 又使门 G_2 的输出 $\overline{Q}=1$ 且保持不变。由此可见，在 $S_D=0$、$R_D=0$ 时，无论触发器的原状态是 0 还是 1，触发器的状态都将保持原状态不变。

（2）当 $S_D=0$、$R_D=1$ 时，触发器置 0。

触发器的原状态无论是 0 还是 1，都会由于 $R_D=1$ 而使门 G_1 的输出 $Q=0$，而 $Q=0$ 和 $S_D=0$ 又使门 G_2 的输出 $\overline{Q}=1$。为此，通常将 R_D 端称为置 0 端或复位端。

（3）当 $S_D=1$、$R_D=0$ 时，触发器置 1。

$S_D=1$ 使得门 G_2 的输出 $\overline{Q}=0$，而 $\overline{Q}=0$ 和 $R_D=0$ 又使得门 G_1 的输出 $Q=1$。为此，通常将 S_D 端称为置 1 端或置位端。

（4）当 $S_D=1$、$R_D=1$ 时，Q 和 $\overline{Q}$ 均为 0。

这既不是定义的 1 状态，也不是定义的 0 状态。这种情况不仅破坏了触发器两个输出端应有的互补特性，而且当输入信号 S_D 和 R_D 同时回到 0 以后，触发器的输出 Q 和 $\overline{Q}$ 均由 0 变为 1，这就出现了所谓的**竞争现象**（Competition Phenomenon）。

假设门 G_1 的延迟时间小于门 G_2 的延迟时间，则触发器最终稳定在 $Q=1$，$\overline{Q}=0$ 的状态；假设门 G_1 的延迟时间大于门 G_2 的延迟时间，则触发器最终稳定在 $Q=0$，$\overline{Q}=1$ 的状态。

因此，由于**或非门**传输延迟时间的不同会产生竞争现象，因此无法断定触发器将回到 1 状态还是 0 状态。通常，正常工作时输入信号应遵守 $S_DR_D=0$ 的**约束条件**（Constraint Condition），不允许出现输入 S_D 和 R_D 同时等于 1 的情况。

基本 RS 触发器也可以由**与非门**构成，如图 4-2 所示。该电路的输入信号为低电平有效，所以用 $\overline{S}_D$ 端表示置 1 输入端，用 $\overline{R}_D$ 端表示置 0 输入端。

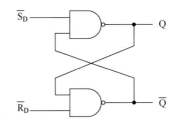

图 4-2 由与非门组成的基本 RS 触发器

Fig. 4-2 Basic RS flip-flop consisting of NAND gate

（1）当 $\overline{S}_D=1$、$\overline{R}_D=1$ 时，触发器保持原状态不变；

（2）当 $\overline{S}_D=0$、$\overline{R}_D=1$ 时，触发器置 1；

（3）当 $\overline{S}_D=1$、$\overline{R}_D=0$ 时，触发器置 0；

（4）当 $\overline{S}_D=0$、$\overline{R}_D=0$ 时，出现 $Q=\overline{Q}=1$ 状态，而且当 $\overline{S}_D$ 和 $\overline{R}_D$ 同时回到高电平以后，触发器的状态将无法确定。所以，正常工作时应当遵守 $\overline{S}_D+\overline{R}_D=1$ 的约束条件，不允许出现输入 $\overline{S}_D$ 和 $\overline{R}_D$ 同时等于 0 的情况。

4.2.2　功能描述（**Function Description**）

通常，任何一种触发器的逻辑功能都可以用状态转移真值表、状态转移方程、激励表、状态转移图、逻辑符号和时序图等方式来描述。

1. 状态转移真值表（**Truth Table of State Transition**）

状态转移真值表是用来描述触发器的下一稳定状态（次态）Q^{n+1}、触发器的原稳定状态（原态）Q^n 和输入信号之间功能关系的表格，有时也称为次态真值表或特性表。由**或非门**组成的基本 RS 触发器的状态转移真值表如表 4-1 所示。

表 4-1　基本 RS 触发器的状态转移真值表

Table 4-1　State transition truth table of basic RS flip-flop

S_D	R_D	Q^n	Q^{n+1}
0	0	0	0
0	0	1	1
0	1	0	0
0	1	1	0
1	0	0	1
1	0	1	1
1	1	0	0*
1	1	1	0*

* 当 $S_D=1$、$R_D=1$ 时，$Q^{n+1}=0$，$\overline{Q}^{n+1}=0$。当输入信号 S_D 和 R_D 同时回到 0 以后，触发器输出 Q^{n+1} 的状态不确定。

2. 状态转移方程（**Equation of State Transition**）

触发器的逻辑功能还可以用逻辑表达式来描述。描述触发器功能的逻辑表达式称为状态转移方程，简称状态方程。触发器的状态方程是反映触发器的次态与原态和输入信号之间功能关系的逻辑表达式，所以也称为**次态方程**（Secondary State Equation）。

根据基本 RS 触发器状态转移真值表进行卡诺图化简，如图 4-3 所示。

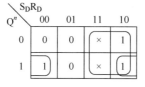

图 4-3　基本 RS 触发器的卡诺图

Fig. 4-3　Karnaugh map of basic RS flip-flop

由卡诺图化简可得基本 RS 触发器的状态方程为

$$\begin{cases} Q^{n+1} = S_D + \overline{R}_D Q^n \\ S_D R_D = 0 \end{cases} \tag{4-1}$$

式中，$S_D R_D = 0$ 是约束条件，它表示 S_D 和 R_D 不能同时为 1。

3．激励表（Excitation Table）

激励表用来表示触发器由当前状态转移至所要求的下一状态时，对输入信号的要求。激励表可由状态转移真值表或状态方程推出。基本 RS 触发器的激励表如表 4-2 所示。

表 4-2　基本 RS 触发器的激励表

Table 4-2　Excitation table of basic RS flip-flop

Q^n	Q^{n+1}	S_D	R_D
0	0	0	×
0	1	1	0
1	0	0	1
1	1	×	0

由表 4-2 可知，若触发器的原态为 0，且要求次态仍然是 0，则必须使 S_D 为 0，而 R_D 为 1 或 0 均可；若触发器的原态是 0，要求次态为 1，则必须使 $S_D = 1$，$R_D = 0$。同样，若要求触发器状态从 1 变为 0，则输入必须是 $S_D = 0$，$R_D = 1$；若要求触发器保持 1 态不变，则 R_D 必须为 0，而 S_D 为 0 或 1 均可。

4．状态转移图（Diagram of State Transition）

描述触发器的逻辑功能还可以用图形即状态转移图（简称状态图）的方法。根据基本 RS 触发器的激励表，可以得到图 4-4 所示的状态转移图。图中，用标有 0 和 1 的两个圆圈分别代表触发器的两个稳定状态，即状态 0 和状态 1，箭头表示在输入信号作用下状态转换的方向，箭头旁边的标注表示触发器状态转换所需要的输入条件。比较状态转移图和激励表可知，二者本质上没有区别，只是表现形式不同。

5．逻辑符号（Logic Symbol）

触发器的逻辑功能还可以通过逻辑符号来描述。基本 RS 触发器的逻辑符号如图 4-5 所示。

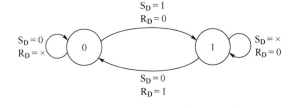

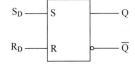

图 4-4　基本 RS 触发器的状态转移图　　　　图 4-5　基本 RS 触发器的逻辑符号

Fig. 4-4　State transition diagram of basic RS flip-flop　　Fig. 4-5　Logic symbol of basic RS flip-flop

6．时序图（Waveform Diagram）

时序图是指触发器的输出随输入变化的波形，也称为**波形图**（Wave Chart）。基本 RS 触发器的时序图如图 4-6 所示。

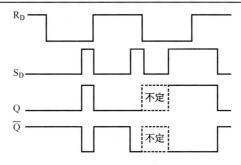

图 4-6　基本 RS 触发器的时序图

Fig. 4-6　Waveform diagram of basic RS flip-flop

4.2.3　结构特点（Structural Features）

基本 RS 触发器的优点是结构简单，它不仅可作为记忆器件独立使用，而且具有直接复位、置位功能，可作为各种性能完善的触发器的基本组成部分。其缺点是 R、S 之间存在约束，并且基本 RS 触发器的状态直接受输入信号控制，根据输入信号便可确定输出状态，无法进行同步控制。

4.3　同步触发器（Synchronous Flip–Flop）

在实际应用中，往往要求触发器的输出状态不是直接由输入信号来决定的，而是受**时钟脉冲**（Clock Pulse）控制的，即只有在作为同步信号的时钟脉冲到达时，触发器才按输入信号改变状态；否则，即使输入信号变化了，触发器状态也不改变。为了解决以上问题，本节引入同步触发器，重点介绍同步 RS 触发器、同步 JK 触发器、同步 D 触发器和同步 T 触发器。

4.3.1　同步 RS 触发器（Synchronous RS Flip-Flop）

同步 RS 触发器的电路结构和逻辑符号如图 4-7 所示。该电路由两部分组成：由与非门 G_1、G_2 组成的基本 RS 触发器和由与非门 G_3、G_4 组成的输入控制电路。

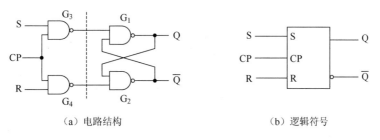

（a）电路结构　　　　　　　　　　　（b）逻辑符号

图 4-7　同步 RS 触发器的电路结构和逻辑符号

Fig. 4-7　Circuit structure and logic symbol of synchronous RS flip-flop

当 CP = 0 时，G_3、G_4 输出均为高电平 1，输入信号 R、S 不会影响输出端的状态，故触发器保持原状态不变。

当 CP = 1 时，G_3、G_4 门打开，输入信号 R 和 S 通过 G_3、G_4 门反相后加到由 G_1、G_2 组成的基本 RS 触发器的输入端，使 Q 和 $\overline{Q}$ 的状态跟随输入状态的变化而变化。

同步 RS 触发器的状态转移真值表如表 4-3 所示。

表 4-3　同步 RS 触发器的状态转移真值表

Table 4-3　State transition truth table of synchronous RS flip-flop

CP	S	R	Q^n	Q^{n+1}
0	×	×	0	0
0	×	×	1	1
1	0	0	0	0
1	0	0	1	1
1	0	1	0	0
1	0	1	1	0
1	1	0	0	1
1	1	0	1	1
1	1	1	0	1*
1	1	1	1	1*

* 当 S = 1、R = 1 时，$Q^{n+1} = 1$，$\overline{Q}^{n+1} = 1$。当输入信号 S 和 R 同时回到 0 以后，触发器输出 Q^{n+1} 的状态不确定。

由表 4-3 可知，在 CP = 0 时，触发器保持原状态不变，输入信号 R、S 不起作用；只有在 CP = 1 时，触发器才受输入信号 R 和 S 的控制，具有基本 RS 触发器的功能，因此称为同步 RS 触发器。

这种钟控方式称为**电平触发**（Level Trigger）方式。其中，R 端是同步 RS 触发器的置 0 端或复位端，S 端是置 1 端或置位端，二者均为高电平有效。由于同步 RS 触发器的置 0 端和置 1 端都不是直接控制端，需要在 CP 同步信号的作用下才能起作用，因此在 R 和 S 后面未加下标 "D"。同步 RS 触发器的输入信号同样要遵守 RS = 0 的约束条件，即 R、S 不能同时等于 1。

根据同步 RS 触发器状态转移真值表，由卡诺图化简即可得到同步 RS 触发器的状态方程为

$$\begin{cases} Q^{n+1} = S + \overline{R}Q^n \\ RS = 0 \end{cases} \tag{4-2}$$

同步 RS 触发器的激励表如表 4-4 所示。

表 4-4　同步 RS 触发器的激励表

Table 4-4　Excitation table of synchronous RS flip-flop

Q^n	Q^{n+1}	S	R
0	0	0	×
0	1	1	0
1	0	0	1
1	1	×	0

由表 4-4 可知，若触发器的原态为 0，且要求时钟作用后次态仍然是 0，则必须使 S 为 0，

R 为 1 或 0 均可；若触发器的原态是 0，要求次态为 1，则必须使 S = 1，R = 0。同样，若要求触发器状态从 1 变为 0，则输入必须是 S = 0，R = 1；若要求触发器保持 1 态不变，则 R 必须为 0，而 S 为 0 或 1 均可。

根据同步 RS 触发器的激励表，可以得到图 4-8 所示的状态转移图。

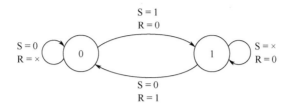

图 4-8　同步 RS 触发器的状态转移图

Fig. 4-8　State transition diagram of synchronous RS flip-flop

在图 4-7（b）所示的同步 RS 触发器逻辑符号中，只有当 CP = 1 时，输入信号 S 和 R 才起作用。如果 CP = 0 为有效信号，则应在 CP 的输入端加画小圆圈。

在实际应用中，有时需要在时钟脉冲 CP 到来之前，预先将触发器置成状态 1 或 0。具有异步（Asynchronous）置 1 和置 0 功能的同步 RS 触发器的电路结构和逻辑符号如图 4-9 所示。

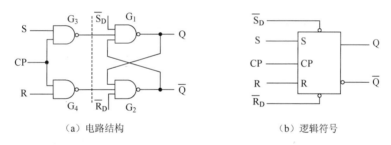

（a）电路结构　　　　　　　　　　　　（b）逻辑符号

图 4-9　具有异步置 1 和置 0 功能的同步 RS 触发器

Fig. 4-9　Synchronous RS flip-flop with asynchronous set 1 and set 0 function

由图可见，无论 CP 是否有效，只要输入 $\overline{S}_D = 0$，触发器将立即被置为 1；只要输入 $\overline{R}_D = 0$，触发器将立即被置为 0。由于这种置 1、置 0 操作不需要时钟脉冲的触发，因此将 $\overline{S}_D$ 端和 $\overline{R}_D$ 端分别称为异步置 1 输入端和异步置 0 输入端。

4.3.2　同步 JK 触发器（Synchronous JK Flip-Flop）

同步 JK 触发器的电路结构和逻辑符号如图 4-10 所示。该电路由两部分组成：由与非门 G_1、G_2 组成的基本 RS 触发器和由与非门 G_3、G_4 组成的输入控制电路。

当 CP = 0 时，G_3、G_4 输出均为高电平 1，输入信号 J、K 不会影响输出端的状态，故触发器保持原状态不变。

当 CP = 1 时，G_3、G_4 门打开，输入信号 J 和 K 通过 G_3、G_4 门反相后加到由 G_1、G_2 组成的基本 RS 触发器的输入端，使 Q 和 $\overline{Q}$ 的状态跟随输入状态的变化而变化。

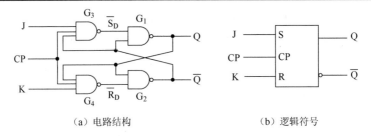

（a）电路结构 　　　　　　　　　　　（b）逻辑符号

图 4-10　同步 JK 触发器的电路结构和逻辑符号

Fig. 4-10　Circuit structure and logic symbol of synchronous JK flip-flop

根据基本 RS 触发器的状态方程，可以得到 JK 触发器的状态方程为

$$Q^{n+1} = S_D + \overline{R_D} Q^n = J\overline{Q}^n + \overline{K} Q^n \tag{4-3}$$

其约束条件为 $\overline{S_D} + \overline{R_D} = \overline{J\overline{Q}^n} + \overline{KQ^n} = 1$，因此无论 J、K 信号如何变化，基本 RS 触发器的约束条件都始终满足。

JK 触发器的状态转移真值表如表 4-5 所示。

根据 JK 触发器的状态转移真值表或状态方程，可以列出 JK 触发器的激励表，如表 4-6 所示。

表 4-5　JK 触发器的状态转移真值表

Table 4-5　State transition truth table of JK flip-flop

CP	J	K	Q^n	Q^{n+1}
0	×	×	0	0
0	×	×	1	1
1	0	0	0	0
1	0	0	1	1
1	0	1	0	0
1	0	1	1	0
1	1	0	0	1
1	1	0	1	1
1	1	1	0	1
1	1	1	1	0

表 4-6　JK 触发器的激励表

Table 4-6　Excitation table of JK flip-flop

Q^n	Q^{n+1}	J	K
0	0	0	×
0	1	1	×
1	0	×	1
1	1	×	0

根据 JK 触发器的激励表，可以画出其状态转移图，如图 4-11 所示。

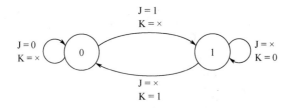

图 4-11　JK 触发器的状态转移图

Fig. 4-11　State transition diagram of JK flip-flop

4.3.3　同步 D 触发器（Synchronous D Flip-Flop）

同步 D 触发器的电路结构和逻辑符号如图 4-12 所示。该电路由两部分组成：由与非门

G_1、G_2 组成的基本 RS 触发器和由与非门 G_3、G_4 组成的输入控制电路。

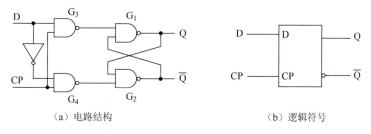

（a）电路结构　　　　　　　　　　　（b）逻辑符号

图 4-12　同步 D 触发器的电路结构和逻辑符号

Fig. 4-12　Circuit structure and logic symbol of synchronous D flip-flop

当 CP = 0 时，G_3、G_4 输出均为高电平 1，输入信号 D 不会影响输出端的状态，故触发器保持原状态不变。

当 CP = 1 时，G_3、G_4 门打开，输入信号 D 通过 G_3、G_4 反相后加到由 G_1、G_2 组成的基本 RS 触发器的输入端，使 Q 和 $\overline{Q}$ 的状态跟随输入状态的变化而变化。

同步 D 触发器的状态转移真值表如表 4-7 所示。

根据状态转移真值表，经过化简可写出 D 触发器的状态方程为

$$Q^{n+1} = D \qquad\qquad (4\text{-}4)$$

根据 D 触发器的状态转移真值表或状态方程，可以列出 D 触发器的激励表，如表 4-8 所示。

表 4-7　D 触发器的状态转移真值表

Table 4-7　State transition truth table of D flip-flop

CP	D	Q^n	Q^{n+1}
0	×	0	0
0	×	1	1
1	0	0	0
1	0	1	0
1	1	0	1
1	1	1	1

表 4-8　D 触发器的激励表

Table 4-8　Excitation table of D flip-flop

Q^n	Q^{n+1}	D
0	0	0
0	1	1
1	0	0
1	1	1

根据 D 触发器的激励表，可以画出其状态转移图，如图 4-13 所示。

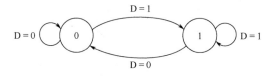

图 4-13　D 触发器的状态转移图

Fig. 4-13　State transition diagram of D flip-flop

4.3.4　同步 T 触发器（Synchronous T Flip-Flop）

在有些应用场合，往往需要这样一种逻辑功能的触发器：当控制信号为 1 时，每来一个时钟脉冲它的状态就翻转一次；而当控制信号为 0 时，时钟脉冲到达后触发器的状态保持不

变。通常将具有这种逻辑功能的触发器称为 T 触发器。

实际上，只要将 JK 触发器的两个输入端连在一起作为输入端，就可以构成 T 触发器。正因为如此，在通用数字集成电路中通常没有专门的 T 触发器。

T 触发器的状态方程为

$$Q^{n+1} = T\overline{Q}^n + \overline{T}Q^n \tag{4-5}$$

T 触发器的状态转移真值表如表 4-9 所示。

根据 T 触发器的状态转移真值表或状态方程，可以列出 T 触发器的激励表，如表 4-10 所示。

表 4-9　T 触发器的状态转移真值表
Table 4-9　State transition truth table of T flip-flop

CP	T	Q^n	Q^{n+1}
0	×	0	0
0	×	1	1
1	0	0	0
1	0	1	1
1	1	0	1
1	1	1	0

表 4-10　T 触发器的激励表
Table 4-10　Excitation table of T flip-flop

Q^n	Q^{n+1}	T
0	0	0
0	1	1
1	0	1
1	1	0

根据 T 触发器的激励表，可以画出其状态转移图，如图 4-14 所示。

T 触发器的逻辑符号如图 4-15 所示。

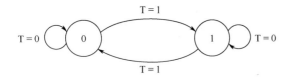

图 4-14　T 触发器的状态转移图
Fig. 4-14　State transition diagram of T flip-flop

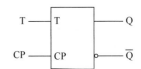

图 4-15　T 触发器的逻辑符号
Fig. 4-15　Logic symbol of T flip-flop

4.3.5　结构特点（Structural Features）

由于在 CP = 1 的全部时间内，触发器的输入信号均能通过输入控制电路加到基本 RS 触发器上，因此在 CP = 1 的全部时间内，输入信号的变化都将引起触发器输出状态的变化，这就是同步触发器的动作特点。

根据同步触发器的动作特点可知，如果在 CP = 1 期间输入信号发生多次变化，则触发器的状态也会发生多次翻转。通常将在一个时钟周期内，触发器的状态发生两次或两次以上变化的现象称为空翻。

在实际应用中，通常要求触发器的工作规律是，每来一个时钟脉冲，触发器只置于一种状态，即使输入信号发生多次改变，触发器的输出状态也不跟着改变。由此可见，同步触发器抗干扰能力不强。产生空翻现象的根本原因是，在 CP = 1 期间，输入控制电路是开启的，输入信号可以通过输入控制电路直接控制基本 RS 触发器，从而改变输出端的状态，使触发器失去了抗输入变化的能力。

4.4　主从触发器（Master–Slave Flip–Flop）

为了保证在每个时钟周期内触发器只出现一种确定的状态（或保持原状态不变，或改变一次状态），就必须对输入控制电路进行改进，使得输入信号在 CP 作用期间不能直接影响触发器的输出。或者说，改进后的输入控制电路必须使触发器仅在 CP 的上升沿或下降沿对输入信号进行瞬时采样，而在 CP 有效期间使输出与输入隔离。因此，本节引入主从触发器，重点以主从 RS 触发器和主从 JK 触发器为例。

4.4.1　主从 RS 触发器（Master-Slave RS Flip-Flop）

主从 RS 触发器的电路结构和逻辑符号如图 4-16 所示。由图可知，它由两个相同的同步 RS 触发器加一个引导控制门（G_9）组成。其中，由 G_5～G_8 组成的触发器称为主触发器，由 G_1～G_4 组成的触发器称为从触发器，这两个触发器的时钟脉冲相位相反。

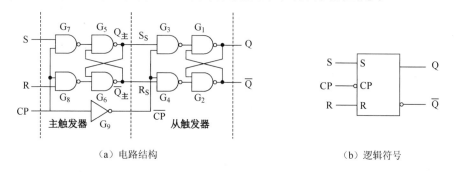

（a）电路结构　　　　　　　　　　　　　　（b）逻辑符号

图 4-16　主从 RS 触发器的电路结构和逻辑符号

Fig. 4-16　Circuit structure and logic symbol of master-slave RS flip-flop

当 $\overline{CP} = 1$ 时，门 G_3、G_4 被打开，门 G_7、G_8 被封锁，从触发器的状态跟随主触发器的状态，即 $Q^n = Q_{主}^n$。

当 CP = 1 时，门 G_7、G_8 被打开，门 G_3、G_4 被封锁，主触发器接收输入信号，其状态方程为

$$\begin{cases} Q_{主}^n = S + \overline{R}Q_{主}^n = S + \overline{R}Q^n \\ RS = 0 \end{cases} \tag{4-6}$$

此时，从触发器保持原来的状态不变。

当 CP 由 1 变为 0 时，由于 CP = 0，因此门 G_7、G_8 被封锁，无论输入信号如何改变，主触发器的状态保持不变。与此同时，门 G_3、G_4 被打开，从触发器跟随主触发器发生状态变化，其状态方程为

$$Q^{n+1} = Q_{主}^n \tag{4-7}$$

由此可见，主从 RS 触发器的逻辑功能与同步 RS 触发器一致。

由于 CP 返回 0 以后触发器的输出状态才改变,因此输出状态的变化发生在 CP 的下降沿。

主从 RS 触发器的状态转移真值表如表 4-11 所示。表中,"⌐‍Ⴑ"表示 CP 的触发方式为下降沿触发;"0/1"表示 CP 为 0 或 1。

表 4-11 主从 RS 触发器的状态转移真值表

Table 4-11 State transition truth table of master-slave RS flip-flop

CP	S	R	Q^n	Q^{n+1}
0/1	×	×	×	Q^n
⌐Ⴑ	0	0	0	0
⌐Ⴑ	0	0	1	1
⌐Ⴑ	1	0	0	1
⌐Ⴑ	1	0	1	1
⌐Ⴑ	0	1	0	0
⌐Ⴑ	0	1	1	0
⌐Ⴑ	1	1	0	1*
⌐Ⴑ	1	1	1	1*

* 当 S = 1、R = 1 时,$Q^{n+1} = 1$,$\overline{Q}^{n+1} = 1$。当输入信号 S 和 R 同时回到 0 以后,触发器输出 Q^{n+1} 的状态不确定。

由上述分析可知,主从 RS 触发器具有以下 3 个特点。

(1)由于主从 RS 触发器由两个**互补**(Complement Each Other)的时钟脉冲分别控制两个同步 RS 触发器,因此无论 CP 是等于 1 还是等于 0,总有一个触发器被开启,另一个触发器被封锁,因此输入状态不会直接影响输出端 Q 和 $\overline{Q}$ 的状态。

(2)主从触发器的动作分两步进行:第一步,在 CP = 1 期间,主触发器根据输入信号决定其输出状态,而从触发器不工作;第二步,待 CP 由 1 变为 0 时,从触发器的状态跟随主触发器的状态变化。这就是说,主从触发器输出状态的改变发生在 CP 下降沿。至于触发器在 CP 作用后的新状态,则取决于 CP 到来时输入端的信号。

(3)由同步 RS 触发器到主从 RS 触发器的这一演变,克服了 CP = 1 期间触发器输出状态可能多次翻转的问题。但由于主触发器本身就是一个同步 RS 触发器,因此在 CP = 1 的时间内,输入信号将对主触发器起控制作用。这就是说,在 CP = 1 期间,当输入信号发生变化时,CP 下降沿到来时触发器的新状态不一定是 CP 处在上升沿时输入信号所决定的状态,如图 4-17 所示,而且输入信号仍需遵守约束条件 RS = 0。

实际应用中,为了确保系统工作可靠,要求主从触发器在 CP = 1 期间输入信号始终不变。

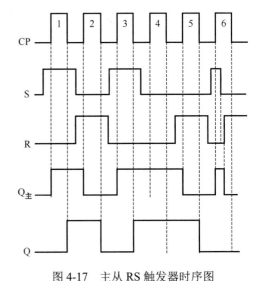

图 4-17 主从 RS 触发器时序图

Fig. 4-17 Waveform diagram of master-slave RS flip-flop

4.4.2 主从 JK 触发器（Master-Slave JK Flip-Flop）

RS 触发器在使用时有一个约束条件，即在工作时不允许输入信号 R、S 同时为 1。这一约束条件使 RS 触发器在实际使用时会带来诸多不便。为了方便使用，人们希望即使出现了 S = R = 1 的情况，触发器的次态也是确定的，因此需要进一步改进触发器的电路结构。

如果在主从 RS 触发器的基础上，将两个互补输出端 Q 和 $\overline{Q}$ 通过两根**反馈线**（Feedback lines）分别引到 G_7、G_8 门的输入端，如图 4-18（a）所示，就可以满足上述要求。这一对反馈线通常在制造集成电路时已在内部连好。为表示其与主从 RS 触发器在逻辑功能上的区别，将输入端 S 改为 J，将输入端 R 改为 K，并将该电路称为主从结构 JK 触发器（简称主从 JK 触发器）。

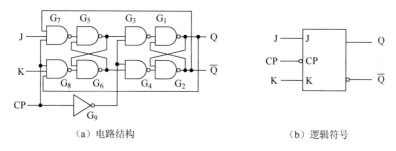

（a）电路结构   （b）逻辑符号

图 4-18 主从 JK 触发器的电路结构和逻辑符号

Fig. 4-18 Circuit structure and logic symbol of master-slave JK flip-flop

由图 4-18 可知，与非门 G_5、G_6、G_7、G_8 构成主触发器，它可以看成同步 RS 触发器，$R = KQ^n$，$S = J\overline{Q}^n$，所以在 CP = 1 期间主触发器的状态方程为

$$Q_{主}^{n+1} = J\overline{Q}^n + \overline{KQ^n}Q_{主}^n \tag{4-8}$$

由于在主触发器状态发生改变之前，即 CP = 0 时，$Q_{主}^n = Q^n$，因此式（4-8）可以改写成

$$Q_{主}^{n+1} = J\overline{Q}^n + \overline{KQ^n}Q^n$$

如果在 CP 由 0 正向跳变至 1 或者 CP = 1 期间，主触发器接收输入信号，发生了状态翻转，即 $Q_{主}^n = \overline{Q}^n$，将此代入式（4-8）可得主触发器的状态方程为

$$Q_{主}^{n+1} = Q_{主}^n \tag{4-9}$$

由式（4-9）可见，在 CP = 1 期间，一旦主触发器接收了输入信号后状态发生了一次翻转，主触发器的状态就一直保持不变，不再随输入信号 J、K 的变化而变化，这就是主触发器的一次翻转特性。

主从 JK 触发器的逻辑功能与主从 RS 触发器的逻辑功能基本相同，不同之处是主从 JK 触发器没有约束条件，在 J = K = 1 时，每输入一个时钟脉冲后，触发器的状态都翻转一次。主从 JK 触发器的状态转移真值表如表 4-12 所示。由表可知，主从 JK 触发器具有保持、置 0、置 1 和翻转等 4 种功能。

表 4-12　主从 JK 触发器的状态转移真值表

Table 4-12　State transition truth table of master-slave JK flip-flop

CP	J	K	Q^n	Q^{n+1}
0/1	×	×	×	Q^n
⎍↓	0	0	0	0
⎍↓	0	0	1	1
⎍↓	1	0	0	1
⎍↓	1	0	1	1
⎍↓	0	1	0	0
⎍↓	0	1	1	0
⎍↓	1	1	0	1
⎍↓	1	1	1	0

主从 JK 触发器有几点值得注意。

（1）与主从 RS 触发器一样，主从 JK 触发器同样可以防止触发器在 CP 作用期间可能发生多次翻转的现象，即不会出现空翻现象。如图 4-19 所示的时序图中，在 CP = 1 期间，尽管 J、K 输入信号发生了多次变化，但主触发器的状态（$Q_{主}$）只发生了一次变化，并在 CP 作用结束时，将这次变化的结果传递到从触发器的输出端（Q）。

（2）虽然主从 JK 触发器能有效地防止空翻现象，但同时出现了新的"一次翻转"现象。即在 CP = 1 期间，无论 J、K 变化多少次，只要其变化引起主触发器翻转了一次，在此 CP = 1 期间主触发器就不再变化了。这时，对应于 CP 下降沿的从触发器状态就既不由 CP 下降沿前的 J、K 状态决定，也不由 CP 上升沿前的 J、K 状态决定，而是由引起主触发器这次变化的 J、K 状态所决定。因此，在时钟脉冲下降沿到达时，触发器接收这一时刻主触发器的状态，并发生状态转移。状态转移的结果就有可能与 JK 触发器的状态方程（4-3）描述的转移结果不一致，如图 4-19 中第 2、3 个 CP 下降沿作用时触发器状态转移与状态方程描述的转移结果不一致。

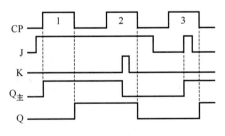

图 4-19　主从 JK 触发器时序图

Fig. 4-19　Waveform diagram of master-slave JK flip-flop

4.4.3　结构特点（Structural Features）

主从 JK 触发器可以防止同步触发器在 CP 作用期间可能发生的多次翻转现象，但同时出现了新的"一次翻转"现象。为了使主从 JK 触发器的状态转移与状态方程式描述的转移一致，就要求在 CP = 1 期间输入信号 J、K 不发生变化。这就使主从 JK 触发器的使用受到一定限制，而且降低了它的抗干扰能力。

4.5 边沿触发器（Edge-Triggered Flip-Flop）

为了提高触发器的工作可靠性，增强抗干扰能力，希望触发器的次态仅仅取决于 CP 信号下降沿（或上升沿）到达时刻输入信号的状态。而在此之前和之后输入状态的变化对触发器的次态没有影响。为此，人们研制出了边沿触发的触发器电路。边沿触发器有 CP 上升沿（前沿）触发和 CP 下降沿（后沿）触发两种形式。本节分别介绍上升沿触发的 D 触发器和下降沿触发的 JK 触发器。

4.5.1 上升沿触发的 D 触发器（D Flip-Flop Triggered by Rising Edge）

上升沿触发的 D 触发器电路结构如图 4-20 所示，其中 $\bar{S}_D$ 和 $\bar{R}_D$ 分别为异步置 1 和置 0 输入端。

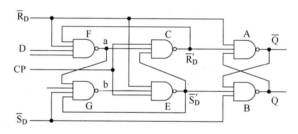

图 4-20 上升沿触发的 D 触发器电路结构

Fig. 4-20 Circuit structure of D flip-flop triggered by rising edge

当 $\bar{R}_D = 0$、$\bar{S}_D = 1$ 时，$\bar{R}_D$ 封锁门 F，使 a = 1；同时封锁门 E，使 $\bar{S}'_D = 1$。保证触发器可靠置 0。

当 $\bar{R}_D = 1$、$\bar{S}_D = 0$ 时，$\bar{S}_D$ 封锁门 G，使 b = 1。当 CP = 1 时，使 $\bar{S}'_D = 0$，从而使 $\bar{R}'_D = 1$。保证触发器可靠置 1。

当 $\bar{S}_D = 1$、$\bar{R}_D = 1$ 时，如果 CP = 0，则触发器状态保持不变，此时 a = $\bar{D}$，b = D；当 CP 由 0 上跳至 1 时，使得 $\bar{S}'_D = \bar{D}$，$\bar{R}'_D = D$，触发器状态发生转移：

$$Q^{n+1} = \bar{S}'_D + \bar{R}'_D\, Q^n = D \tag{4-10}$$

从而实现 D 触发器的逻辑功能。

上升沿触发的 D 触发器功能表如表 4-13 所示，逻辑符号如图 4-21 所示。

表 4-13　上升沿触发的 D 触发器功能表

Table 4-13　Function table of D flip-flop triggered by rising edge

$\overline{R}_D$	$\overline{S}_D$	CP	D	Q^{n+1}	$\overline{Q}^{n+1}$
0	1	×	×	0	1
1	0	×	×	1	0
1	1	↑	0	0	1
1	1	↑	1	1	0

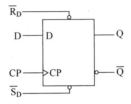

图 4-21　上升沿触发的触发器逻辑符号

Fig. 4-21　Logic symbol of D flip-flop triggered by rising edge

图 4-21 中 CP 端没有小圆圈，表示 CP 上升沿到达时触发器状态发生转移。因此，可将上升沿触发 D 触发器状态方程表示为

$$Q^{n+1} = [D] \cdot CP \uparrow \qquad (4\text{-}11)$$

上升沿触发的 D 触发器的时序图如图 4-22 所示。

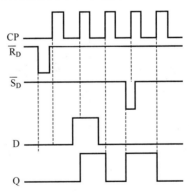

图 4-22　上升沿触发的 D 触发器的时序图

Fig. 4-22　Waveform diagram of D flip-flop triggered by rising edge

4.5.2　下降沿触发的 JK 触发器（JK Flip-Flop Triggered by Falling Edge）

图 4-23 所示为下降沿触发的 JK 触发器电路结构，它由门 A、C、D 和 B、E、F 构成基本触发器，由门 G 和 H 构成输入控制电路，其中 $\overline{R}_D$、$\overline{S}_D$ 分别为异步置 0 和置 1 输入端。

图 4-23 所示电路中，要实现正确的逻辑功能，必须具备的条件是输入控制门 G 和 H 的平均延迟时间比基本触发器的平均延迟时间要长，这一点可在制造时给予满足。在满足这一条件前提下，分析其工作情况。

当 $\overline{R}_D = 0$、$\overline{S}_D = 1$ 时，门 C、D 输出均为 0，$\overline{Q} = 1$；由于此时门 H 输出也为 1，因此门 E 输出为 1，使得 Q = 0，从而实现置 0 功能。

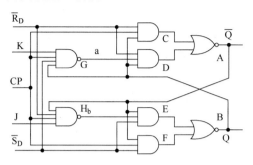

图 4-23　下降沿触发的 JK 触发器电路结构

Fig. 4-23　Circuit structure of JK flip-flop triggered by falling edge

当 $\overline{R}_D = 1$、$\overline{S}_D = 0$ 时，门 E、F 输出均为 0，Q = 1；由于此时门 G 输出也为 1，因此门 D 输出为 1，使得 $\overline{A} = 0$，从而实现置 1 功能。

当 $\overline{R}_D = 1$、$\overline{S}_D = 1$ 时，如果 CP = 1，则触发器状态保持不变。此时输入控制电路输出为

$$a = \overline{KQ^n}, \quad b = \overline{J\overline{Q}^n} \tag{4-12}$$

当 CP 由 1 下跳至 0 时，由于门 G 和 H 平均延迟时间大于基本触发器平均延迟时间，因此 CP = 0 首先封锁了门 C 和 F，使其输出均为 0，门 A、B、D、E 构成类似两个与非门组成的基本触发器，b 相当于 $\overline{S}_D$ 信号的作用，a 相当于 $\overline{R}_D$ 信号的作用，所以有 $Q^{n+1} = \overline{b} + aQ^n$。

在基本触发器状态转移完成之前，门 G 和 H 输出保持不变，因此将式（4-12）代入，得

$$Q^{n+1} = \overline{\overline{J\overline{Q}^n}} + \overline{\overline{KQ^n}}Q^n = J\overline{Q}^n + \overline{K}Q^n \tag{4-13}$$

此后，门 G 和 H 被 CP = 0 封锁，输出均为 1，使得触发器状态维持不变。触发器在完成一次状态转移后，不会再发生多次翻转现象。

但是，如果门 G 和 H 的平均延迟时间小于基本触发器的平均延迟时间，则在 CP 脉冲下跳至 0 后，门 G 和 H 被封锁，输出均为 1，使得触发器状态维持不变，就不能实现正确的逻辑功能要求。

由此可见，在稳定的 CP = 0 和 CP = 1 期间，触发器状态均维持不变，只有在 CP 下降沿到达时刻，触发器才发生状态转移。这是下降沿触发，其状态方程为

$$Q^{n+1} = (J\overline{Q}^n + \overline{K}Q^n) \cdot CP \downarrow \tag{4-14}$$

下降沿触发的 JK 触发器功能表如表 4-14 所示。

表 4-14　下降沿触发的 JK 触发器功能表

Table 4-14　Function table of JK flip-flop triggered by falling edge

$\overline{R}_D$	$\overline{S}_D$	CP	J	K	Q^{n+1}	$\overline{Q}^{n+1}$
0	1	×	×	×	0	1
1	0	×	×	×	1	0
1	1	↓	0	0	Q^n	$\overline{Q}^n$
1	1	↓	0	1	0	1

续表

$\overline{R}_D$	$\overline{S}_D$	CP	J	K	Q^{n+1}	$\overline{Q}^{n+1}$
1	1	↓	1	0	1	0
1	1	↓	1	1	$\overline{Q}^n$	Q^n

其逻辑符号如图 4-24 所示，时序图如图 4-25 所示。

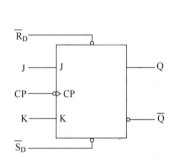

图 4-24　下降沿触发的 JK 触发器逻辑符号

Fig. 4-24　Logic symbol of JK flip-flop triggered by falling edge

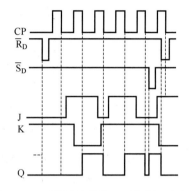

图 4-25　下降沿触发的 JK 触发器时序图

Fig. 4-25　Waveform diagram of JK flip-flop triggered by falling edge

4.5.3　结构特点（Structural Features）

边沿触发器不仅可以克服电位触发方式的多次翻转现象，而且仅仅在 CP 的上升沿或下降沿才对输入信号响应，从而大大提高了抗干扰能力。在后续时序逻辑电路一章中选用的均为边沿触发器。

本章小结（Summary）

触发器逻辑功能的基本特点是可以保存 1 位二值信息。因此，触发器又称为**半导体存储单元（Semiconductor Memory Cell）**或记忆单元（Memory Unit）。

触发器的**电路结构（Circuit Structure）**和**逻辑功能（Logic Function）**是两个不同的概念。前者是实现后者的具体电路结构形式，后者是指触发器的次态和现态及输入信号之间在稳态下的逻辑关系。根据逻辑功能的不同特点，可以将触发器分为 RS 触发器、JK 触发器、D 触发器、T 触发器等。根据电路结构的不同形式可将触发器分为基本 RS 触发器、同步 RS 触发器、主从触发器和边沿触发器等。

实际上，同一种逻辑功能的触发器可以用不同的电路结构来实现。反过来说，用同一种电路结构形式，也可以构成不同逻辑功能的触发器。例如，JK 触发器既有主从结构也有边沿触发结构。而主从触发器和边沿触发器，既可组成 JK 触发器，也可组成 RS 触发器、D 触发器及 T 触发器等。

　　实际应用中，只要根据触发器的功能特点，通过一些连线或附加一些门电路，就可方便地实现从一种功能的触发器转换成另一种功能的触发器。实现转换的关键是要找出被转换触发器的激励条件，也就是驱动方程。例如，在需要 RS 触发器时，只要将 JK 触发器的 J、K 端分别当作 S、R 端使用，就可以实现 RS 触发器的功能；在需要 T 触发器时，只要将 J、K 端连在一起当作 T 端使用，就可以实现 T 触发器的功能；在需要 D 触发器时，只要将 JK 触发器的 J、K 端分别当作 D、$\overline{\text{D}}$ 使用，就可以实现 D 触发器的功能。又如，用 D 触发器可以构成 T 触发器。

习　　题（Exercises）

4-1　画出题 4-1 图中 Q、$\overline{\text{Q}}$ 的电压波形。输入端 $\overline{\text{S}}_\text{D}$、$\overline{\text{R}}_\text{D}$ 的电压波形如图所示。

Draw the voltage waveform of Q and $\overline{\text{Q}}$ in figure of exercise 4-1. The voltage waveform of the input terminal $\overline{\text{S}}_\text{D}$ and $\overline{\text{R}}_\text{D}$ is shown in the Figure.

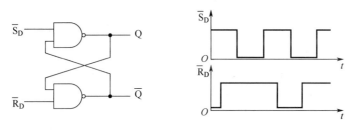

题 4-1 图

Figure of exercise 4-1

4-2　在题 4-2 图所示电路中，若 CP、S、R 的电压波形如图所示，试画出 Q 和 $\overline{\text{Q}}$ 的电压波形。假定触发器的初始状态为 Q = 0。

In the circuit in figure of exercise 4-2, if the voltage waveform of CP, S and R is shown in the figure, try to draw the voltage waveform of Q and $\overline{\text{Q}}$. Suppose the initial state of the trigger is Q = 0.

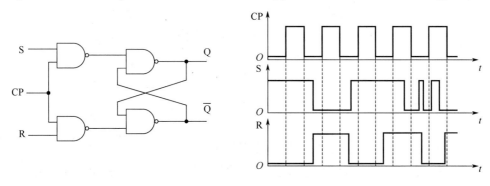

题 4-2 图

Figure of exercise 4-2

4-3 如果主从 RS 触发器各输入端的电压波形如题 4-3 图所示，试画出 Q、$\overline{Q}$ 对应的电压波形。设触发器的初始状态为 Q = 0。

If the voltage waveform of each input terminal of the master-slave RS flip-flop is as shown in figure of exercise 4-3, try to draw the voltage waveform corresponding to Q and $\overline{Q}$. Let the initial state of the trigger be Q = 0.

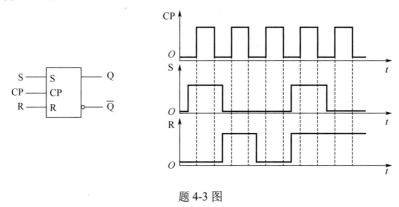

题 4-3 图

Figure of exercise 4-3

4-4 如果主从 JK 触发器 CP、$\overline{R}_D$、$\overline{S}_D$、J、K 的电压波形如题 4-4 图所示，试画出 Q、$\overline{Q}$ 的电压波形。

If the voltage waveform of CP、$\overline{R}_D$、$\overline{S}_D$、J、K of master-slave JK flip-flop is shown in figure of exercise 4-4, try to draw the voltage waveform of Q and $\overline{Q}$.

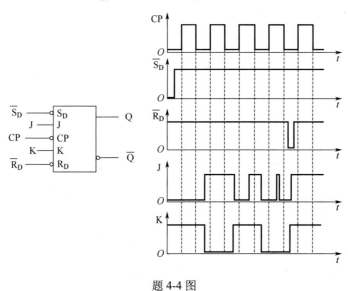

题 4-4 图

Figure of exercise 4-4

4-5 上升沿触发的 JK 触发器输入波形如题 4-5 图所示，试画出输出 Q 的工作波形。

The input waveform of JK flip-flop triggered by rising Edge is shown in figure of exercise 4-5, try to draw the working waveform of output Q.

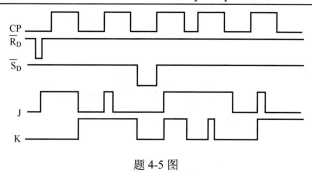

题 4-5 图

Figure of exercise 4-5

4-6　下降沿触发的 D 触发器输入波形如题 4-6 图所示，试画出输出 Q 的工作波形。

The input waveform of D flip-flop triggered by Falling Edge is shown in figure of exercise 4-6, try to draw the working waveform of output Q.

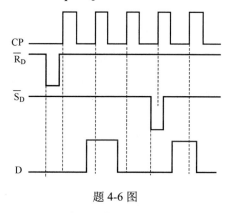

题 4-6 图

Figure of exercise 4-6

第5章 时序逻辑电路
（Sequential Logic Circuit）

5.1 概 述（Overview）

时序逻辑电路简称时序电路，它是数字电路中重要的一类逻辑电路，是数字系统中不可或缺的部分。在时序逻辑电路中，任意时刻的输出信号不仅取决于当时的输入信号，而且还取决于输入信号作用前电路的状态，也就是与初始状态及以前的输入有关。它一般由门电路和存储电路［或反馈（Feedback）支路］共同构成。因此，从结构上看，时序逻辑电路通常具有如下特点。

（1）电路通常包含组合逻辑电路和存储电路两部分。存储电路是时序逻辑电路的核心部分，一般由时钟控制的触发器构成。当触发器的触发脉冲到来时，存储电路的状态才会发生变化。

（2）包含从输出到输入的反馈回路。

图 5-1 所示为时序逻辑电路框图。

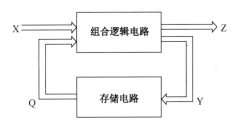

图 5-1 时序逻辑电路框图

Fig. 5-1 Block diagram of sequential logic circuit

图 5-1 中，X 为输入信号，Z 为输出信号，Y 为存储电路的输入信号，Q 为存储电路的输出信号。$Z = f_1(X,Q)$ 称为输出方程，是表达输出信号与输入信号、状态变量的关系式。

$Y = f_2(X,Q)$ 称为激励方程，是表达激励信号与输入信号、状态变量的关系式。

$Q^{n+1} = f_3(Y,Q^n)$ 称为状态方程，是表达存储电路从现态到次态的转换关系式。Q^n 为现态，Q^{n+1} 为次态。

需要说明的是，并不是所有的时序逻辑电路都具有图 5-1 所示的完整形式。有些时序逻辑电路没有组合逻辑电路部分，有些时序逻辑电路没有输入信号，但它们仍然具有时序逻辑电路的基本特点。

时序逻辑电路根据时钟不同，可以分为**同步时序逻辑电路**（Synchronous Sequential Logic Circuit）和**异步时序逻辑电路**（Asynchronous Sequential Logic Circuit）两大类。在

同步时序逻辑电路中，存储电路状态的变化都是在统一时钟脉冲的作用下更新的。每来一个时钟脉冲，电路的状态只能改变一次。而在异步时序逻辑电路中，各存储电路的时钟脉冲不尽相同，电路中没有统一的时钟脉冲来控制存储电路状态的变化。存储电路状态的变化有先有后，是异步进行的。

根据输出信号的特点，将时序逻辑电路分为米里（**Meely**）型和**摩尔**（**Moore**）型。如果输出信号不仅取决于存储电路的状态，而且还取决于输入变量，这种时序逻辑电路称为米里型时序逻辑电路；如果输出信号仅取决于存储电路的状态，则其称为摩尔型时序逻辑电路。由此可见，摩尔型时序逻辑电路只不过是米里型时序逻辑电路的特例而已。

本章主要讲述时序逻辑电路的主要特点、分析和设计方法；常用时序逻辑电路的基本概念、电路组成、工作原理、逻辑功能及使用方法。常用的时序逻辑电路包括计数器、寄存器和序列信号发生器等。

5.2　小规模时序逻辑电路的分析和设计
（Analysis and Design of Small Scale Sequential Logic Circuit）

5.2.1　小规模时序逻辑电路的分析
（Analysis of Small Scale Sequential Logic Circuit）

时序逻辑电路的分析就是根据电路输入信号及时钟信号，分析电路状态和输出信号变化的规律，进而确定电路的逻辑功能。时序逻辑电路的分析方法与组合逻辑电路的分析方法类似，即根据给定的时序逻辑电路，分析出电路的逻辑功能。在分析之前，应先判断时序逻辑电路是同步时序逻辑电路还是异步时序逻辑电路，即确定电路的类型；再找出电路的逻辑功能，也就是电路的输入变量、时钟信号发生改变时，其状态变量及输出变量对应的响应规律。时序逻辑电路分析与组合逻辑电路分析也有区别：组合逻辑电路分析是根据已知电路，写出输出信号随输入信号变化的逻辑表达式，由真值表概括出电路的逻辑功能；时序逻辑电路分析主要利用状态转移表、逻辑方程、状态转移图、时序图等工具。

1. 同步时序逻辑电路分析（Analysis of Synchronous Sequential Logic Circuit）

例 5-1　分析图 5-2 所示的逻辑电路。

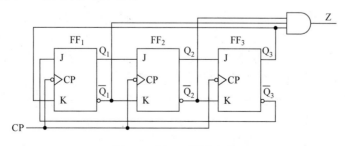

图 5-2　例 5-1 逻辑电路

Fig. 5-2　Logic circuit of example 5-1

解 该电路由 3 个 JK 触发器和一个与门组成，同一时钟脉冲（CP）控制各触发器状态的变化。因此，该电路为同步时序逻辑电路。具体功能分析步骤如下。

（1）列出各级触发器的驱动方程：

$$\begin{cases} J_1 = \overline{Q}_3^n, & K_1 = Q_3^n \\ J_2 = Q_1^n, & K_2 = \overline{Q}_1^n \\ J_3 = Q_2^n, & K_3 = \overline{Q}_2^n \end{cases} \qquad (5\text{-}1)$$

（2）将驱动方程代入触发器特性方程 $Q^{n+1} = J\overline{Q}^n + \overline{K}Q^n$，得到状态转移方程：

$$Q_1^{n+1} = J_1\overline{Q}_3^n + \overline{K}_1 Q_1^n = \overline{Q}_3^n \qquad (5\text{-}2)$$

（3）列出电路的输出方程：

$$Z = \overline{Q}_3^n \overline{Q}_2^n Q_3^n \qquad (5\text{-}3)$$

触发器的驱动方程、状态转移方程和输出方程称为逻辑电路的逻辑方程或逻辑方程组。

（4）由状态转移方程和输出方程，列出电路的状态转移表，画出状态转移图和时序图。

将输入变量及存储电路的初始状态的取值（Q^n）代入状态转移方程和输出方程进行计算，求出存储电路在 CP 作用下的次态（Q^{n+1}）和输出值。将得到的次态 Q^{n+1} 作为新的初态 Q^n，与此时的输入变量一起再代入状态转移方程和输出方程进行计算，得到存储电路在 CP 作用下新的次态。如此往复，将计算结果列成真值表的形式，就得到状态转移表。由状态转移表画出电路在输入及脉冲信号作用下输出及状态之间的转移关系，以直观地显示出时序逻辑电路的状态转移情况。

由于该电路无输入，因此状态转移表只有现态 Q^n、次态 Q^{n+1} 和输出 Z。从初始状态出发（没有特殊说明，初始状态默认为 000），由式（5-2）计算得出状态转移表，如表 5-1 所示。

表 5-1 例 5-1 状态转移表
Table 5-1 State transition table of example 5-1

脉冲数	Q_3^n	Q_2^n	Q_1^n	Q_3^{n+1}	Q_2^{n+1}	Q_1^{n+1}	Z
1	0	0	0	0	0	1	0
2	0	0	1	0	1	1	0
3	0	1	1	1	1	1	0
4	1	1	1	1	1	0	0
5	1	1	0	1	0	0	0
6	1	0	0	0	0	0	1
无效状态	0	1	0	1	0	1	0
	1	0	1	0	1	0	0

在表 5-1 中，有 6 个状态反复循环，这 6 个状态为有效状态。而采用 3 个触发器有 $2^3 = 8$ 个状态。除这 6 个有效状态外，还有另外 2 个状态（010，101）为无效状态或称为偏离状态。偏离状态能在脉冲信号作用下自动转入有效序列的特性，称为逻辑电路具有自启动特性；不能进入有效循环状态称为逻辑电路不具备自启动特性。

为了了解电路的全部工作状态转移情况，必须将偏离状态代入各触发器的状态转移方程（5-2）和输出方程（5-3）进行计算，得到完整的状态转移表。

根据状态转移表可以画出电路的状态转移图，如图 5-3 所示。在状态转移图中，圆圈内标明电路的各个状态，箭头指示状态的转移方向。箭头旁边标注状态转移前输入变量和输出变量值，将输入变量值写在斜线上方，输出变量值写在斜线下方。由于本例中没有输入变量，因此斜线上方没有标注。

根据状态转移表和状态转移图，可以画出在一系列 CP 作用下的波形图，也称之为时序图，如图 5-4 所示。从时序图可以看出，在 CP 作用下，电路的状态和输出波形随时间变化。时序图在数字电路的计算机模拟和实验测试中检查电路的逻辑功能时非常有用。

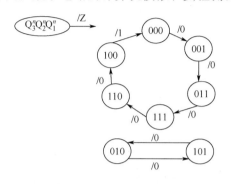
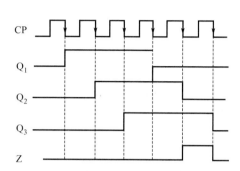

图 5-3 例 5-1 状态转移图

Fig. 5-3 State transition diagram of example 5-1

图 5-4 例 5-1 时序图

Fig. 5-4 Waveform diagram of example 5-1

（5）分析该逻辑电路功能：该电路由 3 个 JK 触发器构成，有 6 个有效的循环状态，2 个无效状态。2 个无效状态在脉冲作用下，不能回到有效状态，即不具备自启动特性。因此，该电路是一个不具备自启动特性的六进制计数器或 **6 分频器**（Frequency Divider）。

由上面的分析可知时序逻辑电路的一般分析步骤，如图 5-5 所示。

（1）分析电路的组成，写出驱动方程（各个触发器输入信号的逻辑表达式）。

（2）把得到的驱动方程代入相应触发器的状态转移方程，即可得到各触发器次态输出的逻辑表达式。

（3）根据电路结构写出输出方程，即时序逻辑电路各个输出信号的逻辑表达式。

（4）列出状态转移表，画状态转移图及时序图（波形图）。

（5）总结时序逻辑电路的逻辑功能。

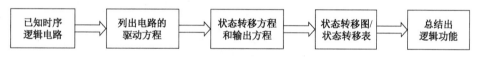

图 5-5 时序逻辑电路分析步骤图

Fig. 5-5 Analysis step diagram of sequential logic circuit

2. 异步时序逻辑电路分析（Analysis of Asynchronous Sequential Logic Circuit）

例 5-2 分析图 5-6 所示逻辑电路的功能。

解 该电路由 3 个 JK 触发器和两个与非门组成，触发器 FF_1 与触发器 FF_2 的时钟脉冲都是 CP，即 $CP_1 = CP_2 = CP$，下降沿触发。触发器 FF_3 的时钟脉冲是触发器 FF_2 的输出 Q_2，在 Q_2 由 1 向 0 跳变时刻，触发 FF_3，使触发器 FF_3 的状态 Q_3 转移。因此，触发器状态转移异步完成。具体分析过程如下。

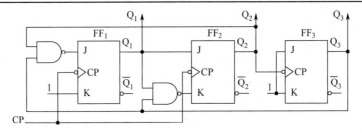

图 5-6　例 5-2 逻辑电路

Fig. 5-6　Logic circuit of example 5-2

（1）写出各触发器驱动方程：

$$\begin{cases} J_1 = \overline{Q_3^n Q_2^n}, \quad K_1 = 1 \\ J_2 = Q_1^n, \quad K_2 = \overline{Q_3^n Q_2^n} \\ J_3 = K_3 = 1 \end{cases} \quad (5\text{-}4)$$

（2）将驱动方程代入触发器特性方程，同时标出它们各自的时钟方程。触发器逻辑符号 CP 端有圆圈表示下降沿触发，没圆圈表示上升沿触发，图 5-6 中为下降沿触发。

$$\begin{cases} Q_1^{n+1} = (J_1\overline{Q_1^n} + \overline{K_1}Q_1^n)\cdot CP_1\!\downarrow = \overline{Q_3^n Q_2^n}\cdot\overline{Q_1^n}\cdot CP\!\downarrow \\ Q_2^{n+1} = (J_2\overline{Q_2^n} + \overline{K_2}Q_2^n)\cdot CP_2\!\downarrow = (\overline{Q_2^n}Q_1^n + Q_3^n Q_2^n Q_1^n)\cdot CP\!\downarrow \\ Q_3^{n+1} = (J_3\overline{Q_3^n} + \overline{K_3}Q_3^n)\cdot CP_3\!\downarrow = \overline{Q_3^n}\cdot Q_2^n\!\downarrow \end{cases} \quad (5\text{-}5)$$

（3）由状态转移方程推出电路的状态转移表，如表 5-2 所示。

表 5-2　例 5-2 状态转移表

Table 5-2　State transition table of example 5-2

CP	Q_3^n	Q_2^n	Q_1^n	Q_3^{n+1}	Q_2^{n+1}	Q_1^{n+1}	CP$_3$	CP$_2$	CP$_1$
1	0	0	0	0	0	1	0		
2	0	0	1	0	1	0			
3	0	1	0	1	0	1			
4	1	0	1	1	1	0			
5	1	1	0	0	0	0			
偏离状态	0	1	1	1	0	0			
	1	0	0	1	0	1	0		
	1	1	1	1	1	0	1		

注意：在推导状态转移表时应注意异步时序逻辑电路的特点，各级触发器只有在它的 CP 端有下降沿输入信号时，才可能改变状态。

（4）由状态转移表画出逻辑电路的状态转移图和时序图，分别如图 5-7 和图 5-8 所示。

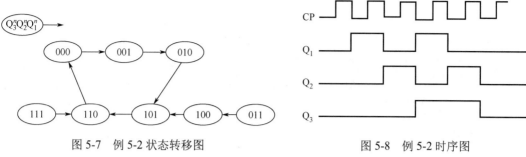

图 5-7 例 5-2 状态转移图

Fig. 5-7 State transition diagram of example 5-2

图 5-8 例 5-2 时序图

Fig. 5-8 Waveform diagram of example 5-2

（5）由上述分析可得，图 5-6 所示的异步时序逻辑电路是可自启动的异步五进制计数器。

5.2.2 小规模时序逻辑电路的设计
（**Design of Small Scale Sequential Logic Circuit**）

例 5-3 设计一个模为 7 的加法计数器。

解 加法计数器（**Up Counter**）的特点是，每次翻转计数值加一，计满后从初始状态重新开始。相对应的是**减法计数器**（**Down Counter**），每次翻转计数值减一，减至最小值后从初始状态重新开始。

由状态数 M 与编码位数 n 之间的关系 $2^{n-1} < M \leqslant 2^n$，取状态编码位数 $n = 3$。7 个状态分别为 $S_0 = 000$，$S_1 = 001$，$S_2 = 010$，$S_3 = 011$，$S_4 = 100$，$S_5 = 101$，$S_6 = 110$，由编码后的状态得到状态转移表，如表 5-3 所示。

表 5-3 例 5-3 状态转移表

Table 5-3 State transition table of example 5-3

Q_2^n	Q_1^n	Q_0^n	Q_2^{n+1}	Q_1^{n+1}	Q_0^{n+1}	Z
0	0	0	0	0	1	0
0	0	1	0	1	0	0
0	1	0	0	1	1	0
0	1	1	1	0	0	0
1	0	0	1	0	1	0
1	0	1	1	1	0	0
1	1	0	0	0	0	1

根据状态转移表，可以作出次态的卡诺图和输出函数的卡诺图，如图 5-9 所示。

在状态转移表中 111 状态未出现（作为偏离状态），卡诺图中相应方格做任意项处理。对卡诺图化简，可以得到各触发器的状态转移方程及输出方程。

状态转移方程为

$$\begin{cases} Q_2^{n+1} = Q_1^n Q_0^n + \overline{Q_1^n} \, \overline{Q_2^n} \\ Q_1^{n+1} = \overline{Q_2^n} \, \overline{Q_0^n} Q_1^n + Q_0^n \overline{Q_1^n} \\ Q_0^{n+1} = \overline{Q_1^n} \, \overline{Q_0^n} + \overline{Q_2^n} \, \overline{Q_0^n} \end{cases} \qquad (5\text{-}6)$$

输出方程为

$$Z = Q_2^n Q_1^n \tag{5-7}$$

确定状态转移方程后，需要检查电路是否具有自启动特性。如果电路不能自启动，一旦进入偏离状态，则电路进入死循环。如果出现这种情况，一般需要修改设计。其方法是，打断偏离状态的循环，使某一偏离状态在时钟脉冲的作用下转移到有效序列中去。在原设计时，偏离状态是作为任意项处理的，没有确定的转移方向。本例中只有一个偏离状态 111，将偏离状态 111 代入状态转移方程，下一状态为 100。因此，一旦分频器受到干扰进入偏离状态，在时钟脉冲的作用下，分频器将从偏离状态进入循环体，具有自启动特性。

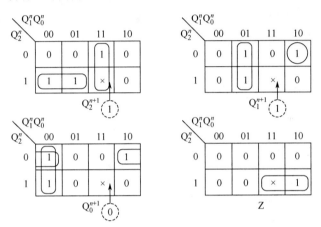

图 5-9　例 5-3 卡诺图

Fig. 5-9　Karnaugh map of example 5-3

若采用 JK 触发器，由状态转移方程 $Q^{n+1} = J\overline{Q}^n + \overline{K}Q^n$ 可得

$$\begin{cases} J_2 = Q_1^n Q_0^n, & K_2 = Q_1^n \overline{Q}_0^n \\ J_1 = Q_0^n, & K_1 = \overline{\overline{Q}_2^n \overline{Q}_0^n} \\ J_0 = \overline{Q_2^n Q_1^n}, & K_0 = 1 \end{cases} \tag{5-8}$$

由式（5-7）及式（5-8）可画出具有自启动特性的模为 7 的加法计数器逻辑电路，如图 5-10 所示。

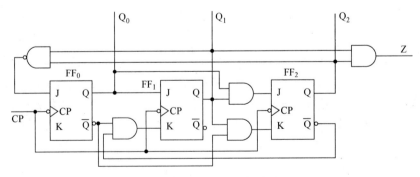

图 5-10　例 5-3 的逻辑电路

Fig. 5-10　Logic circuit of example 5-3

由上述设计步骤可以归纳出时序逻辑电路的设计过程，如图 5-11 所示。

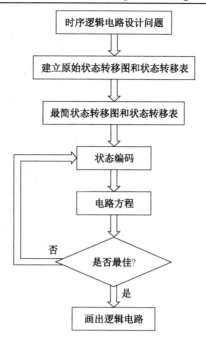

图 5-11　时序逻辑电路的设计过程

Fig. 5-11　Design process of sequential logic circuit

同步时序逻辑电路设计的一般步骤如下。

（1）建立原始状态转移图和状态转移表。

将对时序逻辑电路的一般文字描述变成电路的输入、输出及状态关系的说明，进而形成原始状态转移图和状态转移表。因此，原始状态转移图和状态转移表分别用图形与表格形式将设计要求描述出来，它是时序逻辑电路设计的关键一步，是设计后继步骤的依据。建立时，要分清有多少种信息状态需要记忆，根据输入的条件和输出的要求确定各状态之间的关系，进而得到原始状态转移图和状态转移表。

（2）原始状态化简。

在构成的原始状态转移图和状态转移表中，可能存在可以合并的多余状态，而状态个数的多少直接影响时序逻辑电路所需触发器的数目。若不消除这些多余状态，势必增加电路成本及复杂性。因此，必须消除多余的状态，求得最简状态转移表。状态合并或状态简化是建立在状态等价概念基础上的，状态等价是指在原始状态转移图中两个或两个以上状态，在输入相同的条件下，不仅两个状态对应输出相同，而且两个状态的转移效果完全相同，这些状态称为**等价状态**（Equivalent State），若 S_1 和 S_2 是等价的，记作(S_1, S_2)。凡是等价状态都可以合并。

（3）状态编码。

对化简后的状态转移表进行状态赋值，称为状态编码或状态分配。把状态转移表中用文字符号标注的每个状态用二进制代码表示，得到简化的二进制状态转移表。编码的方案将影响电路的复杂程度。编码方案不同，设计出的电路结构也不同。适当的编码方案，可以使设计结构更简单。状态编码一般遵循一定的规律，如采用自然二进制编码等。编码方案确定后，根据简化的状态转移图画出采用编码形式表示的状态转移图及状态转移表。

（4）选择触发器类型使电路方程最佳。

时序逻辑电路的状态是用触发器状态的不同组合来表示的。在选定触发器的类型后，需要确定触发器的数目及各触发器的激励输入。因为 n 个触发器有 2^n 种状态组合，为了获得时序逻辑电路所需的 M 个状态，必须取 $2^{n-1} < M \leq 2^n$。根据最简状态转移表中状态的个数，选定触发器类型及数量，列出激励表，并求出激励函数和输出函数的逻辑表达式。

（5）画出逻辑电路，检查自启动能力。

一般来说，同步时序逻辑电路设计按上面步骤进行。但是，对于某些特殊的同步时序逻辑电路，由于状态数量和状态编码方案都已给定，因此上述设计步骤中的状态化简和状态编码可以忽略，即可从第（1）步直接跳到第（4）步。

例 5-4　设计一个二进制**序列信号检测电路**（**Sequence Signal Detection Circuit**）。当串行输入序列中**连续**（**Continuous**）输入 3 位或 3 位以上的 1 时，检测电路输出为 1，其他情况输出为 0。

解　时序逻辑电路设计要先分析题目功能要求，再设置状态，画出状态转移图及逻辑电路等。本例中串行输入数据用 X 表示，输出变量用 Z 表示。

S_0：检测器初始状态，即没有接收到 1，输入 X = 0 时的状态，此时输出为 0。

S_1：X 输入一个 1 后检测器的状态，此时输出为 0。

S_2：X 连续输入两个 1 后检测器的状态，此时输出为 0。

S_3：X 连续输入三个或三个以上 1 后检测器的状态，此时输出为 1。

根据题意可作出原始状态转移图，如图 5-12 所示。

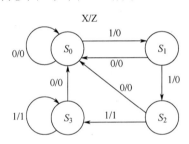

图 5-12　例 5-4 原始状态转移图

Fig. 5-12　Original state transition diagram of example 5-4

对应的原始状态转移表如表 5-4 所示。从状态转移表中可以看出，S_2 与 S_3 输出相同、下一状态也相同，为等价状态，因此可以将这两个状态合并成一个状态，最简状态转移表如表 5-5 所示。

表 5-4　原始状态转移表

Table 5-4　Original state transition table

$S(t)$	次态 $N(t)$		输出 Z	
现态	X = 0	X = 1	X = 0	X = 1
S_0	S_0	S_1	0	0
S_1	S_0	S_2	0	0
S_2	S_0	S_3	0	1
S_3	S_0	S_3	0	1

表 5-5　最简状态转移表

Table 5-5　Simplified state transition table

$S(t)$	次态 $N(t)$		输出 Z	
现态	X = 0	X = 1	X = 0	X = 1
S_0	S_0	S_1	0	0
S_1	S_0	S_2	0	0
S_2	S_0	S_2	0	1

由于最简状态转移表中只有 3 个状态，因此，应取触发器的位数为 2。两位二进制数共有 4 种组合：00，01，10，11。假设触发器 Q_1Q_0 的状态 00、01、11 分别代表 S_0、S_1、S_2，则

可以画出状态分配后的状态转移表，如表 5-6 所示。

表 5-6　状态分配后的状态转移表

Table 5-6　State transition table after state assignment

X	Q_1^n	Q_0^n	Q_1^{n+1}	Q_0^{n+1}
0	0	0	0	0
0	0	1	0	0
0	1	0	×	×
0	1	1	0	0
1	0	0	0	1
1	0	1	1	1
1	1	0	×	×
1	1	1	1	1

为了选择触发器和确定触发器的激励输入，由状态转移表出发，通过卡诺图（见图 5-13）化简，求出状态转移方程和输出方程，然后由状态转移方程确定触发器的激励输入。

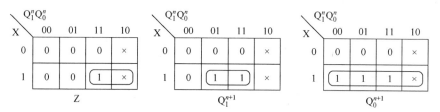

图 5-13　例 5-4 次态及输出卡诺图

Fig. 5-13　Next state and output Karnaugh map of example 5-4

经化简后，得到电路的状态转移方程及输出方程分别为

$$\begin{cases} Q_1^{n+1} = XQ_0^n \\ Q_0^{n+1} = X \end{cases} \tag{5-9}$$

$$Z = XQ_0^n$$

若采用 JK 触发器，根据状态转移方程 $Q^{n+1} = J\overline{Q}^n + \overline{K}Q^n$，可以得出 $J_1 = XQ_0^n$，$K_1 = XQ_0^n$，$J_0 = X$，$K_0 = \overline{X}$，逻辑电路如图 5-14 所示。

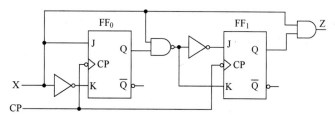

图 5-14　例 5-4 采用 JK 触发器的逻辑电路

Fig. 5-14　Logic circuit of example 5-4 using JK flip-flop

若采用 D 触发器，由状态转移方程 $Q^{n+1} = D$，有 $D_1 = XQ_0^n$，$D_0 = X$，逻辑电路如图 5-15 所示。

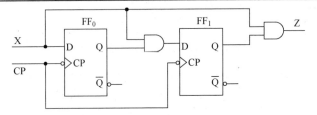

图 5-15　例 5-4 采用 D 触发器的逻辑电路

Fig. 5-15　Logic circuit of example 5-4 using D flip-flop

5.3　中规模时序逻辑电路的分析和设计
（Analysis and Design of Medium Scale Sequential Logic Circuit）

5.3.1　计数器（Counter）

1. 常用集成计数器

根据逻辑功能的不同，计数器分为以下几类。

① 加法计数器：每次翻转计数值加一，计满后从初始状态重新开始。

② 减法计数器：每次翻转计数值减一，减至最小值后从初始状态重新开始。

③ 可逆计数器（Up/Down Counter）：在选通输入端的控制下可以进行加/减选择的计数器。根据计数模值的不同，计数器分为以下几类。

① 二进制计数器：计数器的模值 N 和触发器个数 K 之间的关系是 $N=2^K$。

② 十进制计数器：计数器的模为 10，由于用二进制数表示十进制数的 BCD 码有不同形式，因此会有不同的十进制计数器，通常采用 8421 BCD 码表示十进制数。

③ 任意进制计数器：计数器有一个最大模值，但是具体的计数模值可以在这个范围内通过选通输入端设定。

在实际中经常使用中规模的集成计数器，集成计数器分同步和异步两种，同步计数器的优点是速度快、功能多，异步计数器的优点是进制可调。由于集成计数器是出厂时已经定型的产品，编码不能改动且计数顺序通常为自然顺序，因此在使用时需要设计电路接入计数器的清零端或者置数端使其正常工作。

中规模集成计数器的型号很多，表 5-7 所示为常见的一些型号。集成同步计数器种类繁多，功能各异，其主要功能如下。

（1）实现可逆计数。实现可逆计数的方法有两种：加减控制方式和双时钟方式。加减控制方式需要引入一个控制信号，通常称作 $U/\overline{D}$。当 $U/\overline{D}=1$ 时，进行加法计数；当 $U/\overline{D}=0$ 时，进行减法计数。采用双时钟方式的计数器有两个时钟脉冲输入端：CP_+ 和 CP_-。当接入 CP_+ 时实现加法计数，CP_- 置 0（或者置 1）；当接入 CP_- 时实现减法计数，CP_+ 置 0（或者置 1）。

（2）预置功能（Preset Function）。计数器的预置端一般用 LD 表示，不同计数器的预置方式有所不同，分为同步预置和异步预置两种。同步预置是指接入有效的预置信号之后，计数器不是立即将预置信号传送到输出端，而是等下一个有效的时钟边沿到达时才将预置信号传送到输出端，实现预置功能。同步是指与时钟同步。异步预置是指不论何时接入有效的预置信号，计数器都立即进行预置，每个触发器的输出就是预置值。

（3）**清除功能**（Clearing Function）。清除功能也称复位功能（或清零功能），是指将计数器的状态恢复成全零状态。清零功能也分同步清零和异步清零两种。同步清零需要等待下一个有效的时钟边沿，而异步清零不受时钟的控制。

（4）**进位功能**（Carry function）。大部分同步计数器具有**进位/借位**（Carry / borrow）功能，当加法计数器到达最大计数状态时，进位输出端会产生进位输出；当减法计数器到达最小计数状态时，借位输出端会产生借位输出。进位/借位输出的宽度都等于一个周期，相关信息可以从芯片手册中查到。

表 5-7　常见集成计数器

Table 5-7　Common integration counters

种类	型　号	进　制	清　除方式	预　置方式	可逆计数	时钟触发方式
同步计数器	74LS160	BCD（10）	低电平异步清零	低电平同步预置	无	⌐⌐
	74LS161	4 位二进制（16）	低电平异步清零	低电平同步预置	无	⌐⌐
	74LS162	BCD（10）	低电平同步清零	低电平同步预置	无	⌐⌐
	74LS163	4 位二进制（16）	低电平同步清零	低电平同步预置	无	⌐⌐
	74LS190	BCD（10）	无清零端	低电平异步预置	加/减	⌐⌐
	74LS191	4 位二进制（16）	无清零端	低电平异步预置	加/减	⌐⌐
	74LS192	BCD（10）	高电平异步清零	低电平异步预置	双时钟	⌐⌐ ⌐⌐
	74LS193	4 位二进制（16）	高电平异步清零	低电平异步预置	双时钟	⌐⌐ ⌐⌐
异步计数器	74LS196	2/5/10	低电平异步清零	低电平异步预置	无	⌐⌐
	74LS290	2/5/10	高电平异步清零	高电平异步预置	无	⌐⌐
	74LS293	2/8/16	高电平异步清零	高电平异步预置	无	⌐⌐

下面介绍两种常见的计数器。

（1）集成同步二进制计数器（Integrated Synchronous Binary Counter）74LS161

在实际生产的计数器芯片中，除具有计数功能电路外，还附加了一些控制电路，以增加电路的功能和使用的灵活性。图 5-16 所示为中规模集成 4 位同步二进制计数器 74LS161 的引脚及逻辑符号。

74LS161 内部结构的逻辑图如图 5-17 所示。电路除具有二进制加法计数功能外，还具有预置数、保持和异步置零等附加功能。图中，$\overline{LD}$ 为预置数控制端，D_3、D_2、D_1、D_0 为数据输入端，CO 为进位输出端，$\overline{R_D}$ 为异步置零（复位）端，EP 和 ET 为工作状态控制端，其功能表如表 5-8 所示。

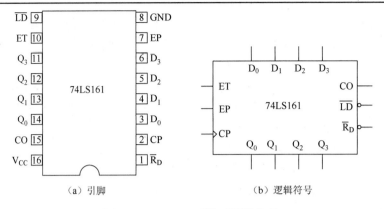

（a）引脚   （b）逻辑符号

图 5-16　74LS161 引脚及逻辑符号

Fig. 5-16　Pin and logic symbol of 74LS161

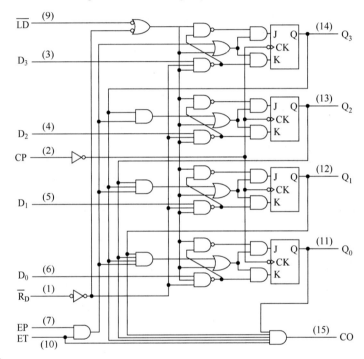

图 5-17　74LS161 逻辑图

Fig. 5-17　Logic diagram of 74LS161

表 5-8　74LS161 功能表

Table 5-8　Function table of 74LS161

清零	预置	选通		时钟	预置数据				输出			
$\overline{R_D}$	$\overline{LD}$	EP	ET	CP	D_3	D_2	D_1	D_0	Q_3^n	Q_2^n	Q_1^n	Q_0^n
0	×	×	×	×	×	×	×	×	0	0	0	0
1	0	×	×	⌐_	D	C	B	A	D	C	B	A
1	1	0	×	×	×	×	×	×	保持			
1	1	×	0	×	×	×	×	×	保持			
1	1	1	1	⌐_	×	×	×	×	计数			

（2）集成同步十进制计数器（Integrated Synchronous Decimal Counter）74LS160

图 5-18 所示为中规模集成十进制计数器 74LS160 的引脚、逻辑符号及逻辑图。该电路具有十进制加法计数、预置数、保持和异步清零等功能。图中，$\overline{LD}$ 为预置数控制端，D_3、D_2、D_1、D_0 为数据输入端，CO 为进位输出端，$\overline{R_D}$ 为异步清零（复位）端，EP 和 ET 为工作状态控制端，其功能表同表 5-7。

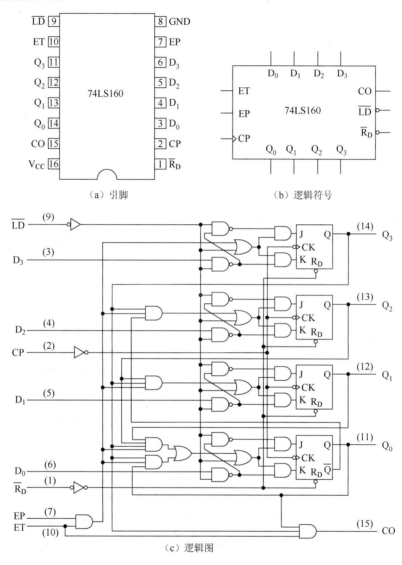

（a）引脚　　　　　　　　　　（b）逻辑符号

（c）逻辑图

图 5-18　74LS160

Fig. 5-18　74LS160

2. 利用常用集成计数器组成任意模值计数器

常用的计数器芯片有十进制、十六进制、七进制、十四进制和十二进制等几种。需要其他进制的计数器时，只能利用常用集成计数器的一些附加控制端，扩展其功能组成任意模值计数器。若已有的计数器模值为 N，需要设计得到的计数器模值为 M，则有 $N < M$ 和 $N > M$ 两种情况。下面给出这两种情况分别采用异步清除功能和同步置数功能构成的计数器例子。

（1）$N > M$ 计数器设计

采用 N 进制集成计数器实现 M 模值计数器时，设法使之跳越 $N-M$ 个状态，就可以实现 M 进制计数器。若利用异步清除功能进行置零复位，当 N 进制计数器从全 0 状态 S_0 并始计数并接收了 M 个脉冲后，电路进入 S_M 状态。如果将 S_M 状态译码产生一个置零信号加到计数器的异步清零端，则计数器将立刻返回 S_0 状态。这样计数器就跳越了 $N-M$ 个状态从而实现 M 进制计数器（或称为分频器）。由于是异步置零，电路一进入 S_M 状态后立刻被置成 S_0 状态，因此 S_M 状态仅在极短的瞬间出现，在稳定的状态循环中不包含 S_M 状态。

若采用同步置数功能实现 M 进制计数器，需要给 N 进制计数器重复置入某个数值而跳越 $N-M$ 个状态，从而实现模值为 M 的计数器。置数操作可以在电路的任何状态下进行。对于同步计数器，它的置数端 $\overline{\text{LD}} = 0$ 的信号应从 S_i 状态译出，等到下一个时钟脉冲到来时，才将要置入的数据置入计数器中。稳定的状态中包含 S_i 状态。若是异步置数计数器，只要 $\overline{\text{LD}} = 0$ 的信号出现，就立即将数据置入计数器中，不受时钟脉冲的控制，因此 $\overline{\text{LD}} = 0$ 的信号应从 S_{i+1} 状态译出。S_{i+1} 状态只在极短的瞬间出现，稳定状态不包含 S_{i+1} 状态。

例 5-5 试利用同步十进制计数器 74LS160 设计同步六进制计数器。74LS160 的逻辑图如图 5-18（c）所示，它的功能表与 74LS161 的功能表相同。

解 因为 74LS160 兼有异步置零和同步预置数功能，所以置零法和置数法均可采用。图 5-19 所示的电路是采用异步置零法接成的六进制计数器。当计数器计到 $Q_3^n Q_2^n Q_1^n Q_0^n = 0110$（$S_M$）状态时，与非门 G 输出低电平信号，$\overline{\text{R}}_\text{D} = 0$，将计算器置 0，回到 0000 状态。电路的状态转移图如图 5-20 所示。

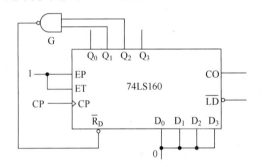

图 5-19 由 74LS160 组成的模 6 计数器

Fig. 5-19 A modulo 6 counter consisting of 74LS160

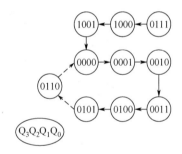

图 5-20 例 5-5 状态转移图

Fig. 5-20 State transition diagram of example 5-5

由于置 0 信号随着计数器被置 0 而立即消失，因此置 0 信号持续时间极短，因为触发器的复位速度有快有慢，可能动作慢的触发器还未来得及复位，置 0 信号已经消失，导致电路误动作。因此，这种接法的电路可靠性不高。

为了克服这个缺点，通常采用图 5-21 所示的改进电路。图中的与非门 G_1 起译码器的作用，当电路置入 0110 状态时，它输出低电平信号。与非门 G_2 和 G_3 组成基本 RS 触发器，以它 $\overline{Q}$ 端输出的低电平作为计数器的置 0 信号。

若计数器从 0000 状态开始计数，则第六个计数输入脉冲上升沿到达时计数器进入 0110 状态，G_1 输出低电平，将基本 RS 触发器置 1，$\overline{Q}$ 端的低电平立刻将计数器清零。这时虽然 G_1 输出的低电平信号随之消失了，但基本 RS 触发器的状态仍保持不变，因而计数器的清零信号得以维持。直到计数脉冲回到低电平以后，基本 RS 触发器被置 0，$\overline{Q}$ 端的低电平信号才消失。可见，加到计数器 $\overline{R}_D$ 端的清零信号宽度与输入计数脉冲高电平的持续时间相等。同时，进位输出脉冲由 RS 触发器的 Q 端引出。这个脉冲的宽度与计数脉冲高电平宽度相等。在有的计数器产品中，将 G_1、G_2、G_3 组成的附加电路直接制作在计数器芯片上，这样在使用时就不用外接附加电路了。

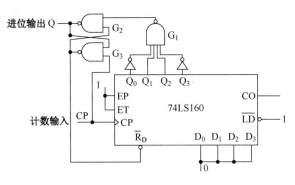

图 5-21 改进电路

Fig. 5-21 Improved circuit

例 5-6 应用 4 位二进制同步计数器 74LS161 实现模 8 计数器。74LS161 的逻辑图如图 5-17 所示，功能表如表 5-7 所示。

解 采用置数法设计模 8 计数器。采用置数法时可以从计数循环中的任何一个状态置入适当的数值而跳越 $N-M$ 个状态，得到 M 进制计数器。图 5-22（a）的接法是用 $Q_3Q_2Q_1Q_0 = 0111$ 状态译码产生 $\overline{LD}=0$ 信号，下一个时钟脉冲到达时置入 0000 状态，从而跳过 1000~1111 这 8 个状态，得到八进制计数器。图 5-22（b）的接法是用进位输出作为置入信号，置入数据 1000，这样，计数器跳过 0000~0111 这 8 个状态，从而实现模 8 计数器。

若采用图 5-22（b）电路的方案，则可以从 CO 端得到进位输出信号。在这种接法下，用进位信号产生 $\overline{LD}=0$ 信号，下个时钟脉冲到来时置入 1000，每个计数循环都会在 CO 端给出一个进位脉冲。

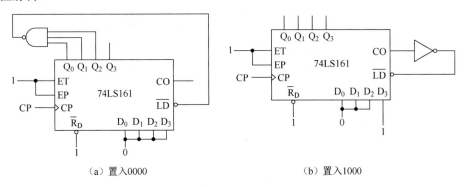

（a）置入0000 （b）置入1000

图 5-22 用置数法实现八进制计数器

Fig. 5-22 Realization of octal counter by setting method

由于 74LS161 的预置数采用同步方式，即 $\overline{LD}=0$ 后，还要等下一个时钟脉冲到来时才置入数据，而这时 $\overline{LD}=0$ 的信号已稳定建立，因此不存在异步清零法中因清零信号持续时间过短而可靠性不高的问题。

（2）$N < M$ 计数器设计

当 M 比 N 大时，一片计数器将无法完成计数任务。因此，需要多片计数器级联来构成 M 进制计数器。各片之间（或称为各级之间）的连接方式可分为串行进位方式、并行进位方式、整体置零方式和整体置数方式几种。例如，利用一片 74LS161 可构成二进制至十六进制任意进制计数器，利用两片则可构成二进制至二百五十六进制之间的任意进制计数器，实际中应当根据需要灵活选用计数器芯片。下面仅以两级之间的连接为例说明这 4 种连接方式的原理。

① 若 M 可以分解为两个小于 N 的因数相乘，即 $M = N_1 \times N_2$，则可采用串行进位方式或并行进位方式将一个 N_1 进制计数器和一个 N_2 进制计数器连接起来，构成 M 进制计数器。串行进位方式中，以低位片的进位输出信号作为高位片的时钟输入信号。在并行进位方式中，以低位片的进位输出信号作为高位片的工作状态控制信号（计数器的选通输入信号），两片的时钟输入端同时接计数输入信号。

② 若 M 不能分解为两个小于 N 的因数相乘，即 $M \neq N_1 \times N_2$，并行进位方式和串行进位方式就无法实现，必须采取整体置零方式或整体置数方式构成 M 进制计数器。整体置零方式就是先将两片 N 进制计数器按最简单的方式接成一个大于 M 进制的计数器（如 $N \times N$ 进制），再在计数器计为 M 状态时，译出异步置零信号 $\overline{R}_D = 0$，将两片 N 进制计数器同时置零。这种方式的基本原理和 $M < N$ 时的置零法是一样的。

整体置数方式的原理与 $M < N$ 时的置数法类似。先将两片 N 进制计数器用最简单的连接方式接成一个大于 M 进制的计数器（如 $N \times N$ 进制），再在选定的某一状态下译出 $\overline{LD} = 0$ 信号，将两个 N 进制的计数器同时置入适当的数据，跳越多余的状态，获得 M 进制计数器，条件是采用这种接法要求已有的 N 进制计数器本身必须具有预置数功能。

例 5-7　分析图 5-23 所示由 74LS161 连接而成电路的逻辑功能。

解　由图 5-23 可知，前级 74LS161（1）计数器的 EP、ET 端均接高电平，一直工作在计数状态，其进位输出端 CO 接入后级芯片 74LS161（2）的 EP、ET 端作为工作控制信号。当 74LS161（1）计数计满 16 个二进制代码时，CO 输出 1。在下一个时钟周期的上升沿到来时触发后 74LS161（2）进入计数状态，同时 74LS161（1）计数器再次从开始计数。当计入 48 个脉冲时，74LS161（1）芯片的状态是 0000，后级芯片 74LS161（2）的状态是 0011。此时输出通过与**非门**控制两片芯片的置数端 $\overline{LD}$，产生反馈信号使整体置数。由于预置数端全部是低电平，因此整个系统的计数状态从 0000 再次开始，构成模 49 计数器。

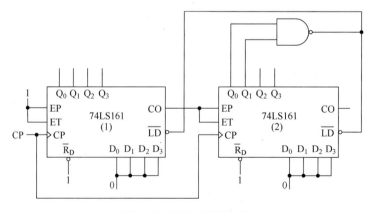

图 5-23　例 5-7 逻辑电路

Fig. 5-23　Logic circuit of example 5-7

例 5-8　试用两片 74LS160 构成 29 进制计数器。

解　29 不能分解成两个数之积，因此必须用整体置零或整体置数法构成模 29 计数器。将两片十进制计数器 74LS160 按照图 5-24 所示方法连接，即用置零法实现了 29 进制计数器。

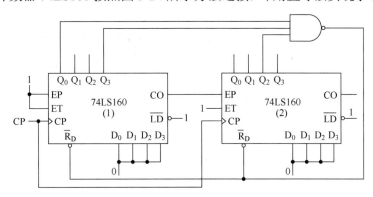

图 5-24　例 5-8 逻辑电路（置零法）

Fig. 5-24　Logic circuit of example 5-8(zero setting method)

第一片的 EP、ET 接高电平，所以第一片一直工作在计数状态。以第一片的进位输出 CO 作为第二片的 EP 输入。当第一片计到 1001 时进位输出变为 1，在下一个 CP 到来时使第二片进入计数状态，计入 1，而第一片又从 0000 开始计数。当计入 29 个 CP 时，即第一片的 $Q_3Q_2Q_1Q_0 = 1001$，第二片的 $Q_3Q_2Q_1Q_0 = 0010$ 时，输出通过**与非门**反馈给两片 740LS160 的 $\overline{R}_D$ 一个清零信号，从而使电路回到 0000 状态；$\overline{R}_D$ 信号也随之消失，电路重新从 0000 状态开始计数，这样电路就实现了 29 进制计数的功能。

清零法可靠性差，需要另加触发器才能得到所需的清零及进位输出信号，所以常采用置数法以避免清零法的缺点，如图 5-25 所示。先将两片 74LS160 接成百进制计数器，再由电路 28 状态译码产生 $\overline{LD} = 0$ 信号同时加到两片 74LS160 上，在下一个 CP（第 29 个 CP）到达时，将 0000 同时置入两片 74LS160 中，从而得到 29 进制计数器。

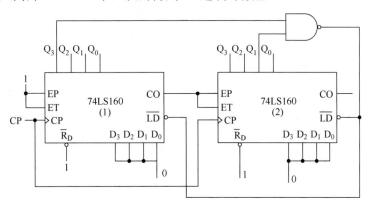

图 5-25　例 5-8 逻辑电路（置数法）

Fig. 5-25　Logic circuit of example 5-8 (number setting method)

5.3.2　移位寄存器（Shift Register）

数字电路中，用来存储二进制数据或代码的电路称为**寄存器（Register）**。寄存器由具有存储功能的触发器组合构成。一个触发器可以存储 1 位二进制代码，存储 n 位二进制代码的寄存器需用 n 个触发器。由于寄存器只要求存储 1 和 0，因此无论采用哪种触发方式的触发器都可以组成寄存器。为了控制信号的接收和清除，还必须有相应的控制电路与触发器配合工作，所以寄存器中还包含由门电路构成的控制电路。

按照功能的不同，寄存器分为基本寄存器和移位寄存器两大类。基本寄存器只能并行输入数据、并行输出数据。移位寄存器中的数据可以在移位脉冲的作用下依次逐位右移或左移，数据可以并行输入—并行输出，也可以串行输入—串行输出，还可以并行输入—串行输出、串行输入—并行输出，十分灵活，用途广泛。

为了增加使用的灵活性，在寄存器的电路中可以附加控制电路以实现异步置零、输出三态控制和移位等功能。其中，具有移位功能的寄存器称为移位寄存器，它是指寄存器里存储的代码在移位脉冲的作用下依次左移或右移的寄存器。根据输入/输出信号的不同，移位寄存器分为串入—并出、串入—串出、并入—串出、并入—并出 4 种。利用移位寄存器可以实现串行—并行转换、数值运算及数据处理等。下面从输入/输出方式不同的角度介绍移位寄存器。

1. 4 位双向移位寄存器 74LS194

在满足基本移位寄存器功能的基础上，集成的移位寄存器往往能够提供更多功能以完成更加复杂的应用。其中，**双向移位寄存器**（Bidirectional Shift Register）74LS194 是应用最广泛的移位寄存器，它能够进行左/右移位控制，带有保持、复位等控制端，采用并行输入的方式，能够实现并行置数、异步清零等功能。

图 5-26 所示为 74LS194 逻辑图，图 5-27 所示为 74LS194 逻辑符号。

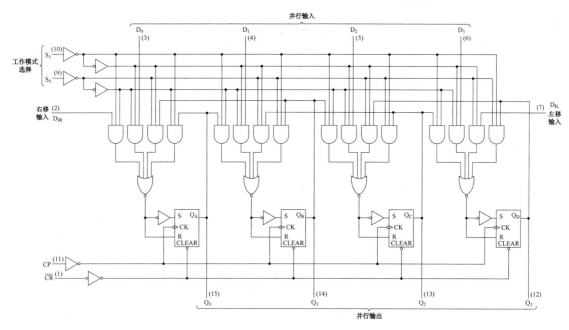

图 5-26　74LS194 逻辑图

Fig. 5-26　Logic diagram of 74LS194

图 5-27 中，$D_0 \sim D_3$ 是并行数据输入端，$Q_0 \sim Q_3$ 是数据输出端，D_{IR} 是右移工作时的数据输入端，D_{IL} 是左移工作时的数据输入端；S_0、S_1 作为工作方式控制端，其输入电平

决定了寄存器的工作状态；$\overline{CR}$ 是清零端，只有当它为高电平时，芯片才正常工作，否则整个芯片将强制置零。

表 5-9 所示为 74LS194 功能表。当 $\overline{CR}$ 为 1，即寄存器处于正常工作状态，$S_1S_0 = 00$ 时，CP 的触发沿（对于 74LS194 来说是上升沿）到来后，寄存器内部的数据状态将保持不变，输出也不改变。当 $S_1S_0 = 01$ 时，寄存器将采取右移的工作方式，缺位的数据将由 D_{IR} 端输入得到；当 $S_1S_0 = 10$ 时，寄存器的工作状态是左移，缺位的数据由 D_{IL} 端输入得到；而当 $S_1S_0 = 11$ 时，寄存器将并行从 $D_0 \sim D_3$ 输入端读取数据。

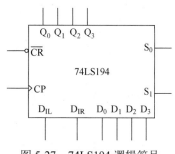

图 5-27　74LS194 逻辑符号
Fig.5-27　Logic symbol of 74LS194

表 5-9　74LS194 功能表
Table 5-9　Function table of 74LS194

CP	$\overline{CR}$	S_1	S_0	D_{IL}	D_{IR}	D_0	D_1	D_2	D_3	Q_0^{n+1}	Q_1^{n+1}	Q_2^{n+1}	Q_3^{n+1}	工作状态
×	0	×	×	×	×	×	×	×	×	0	0	0	0	清零
0	1	×	×	×	×	×	×	×	×	Q_0^n	Q_1^n	Q_2^n	Q_3^n	保持
⌐	1	1	1	×	×	A	B	C	D	A	B	C	D	置数
⌐	1	0	1	×	1	×	×	×	×	1	Q_0^n	Q_1^n	Q_2^n	右移
⌐	1	0	1	×	0	×	×	×	×	0	Q_0^n	Q_1^n	Q_2^n	右移
⌐	1	1	0	1	×	×	×	×	×	Q_1^n	Q_2^n	Q_3^n	1	左移
⌐	1	1	0	0	×	×	×	×	×	Q_1^n	Q_2^n	Q_3^n	0	左移
×	1	0	0	×	×	×	×	×	×	Q_0^n	Q_1^n	Q_2^n	Q_3^n	保持

例 5-9　分析图 5-28 所示逻辑电路的功能。

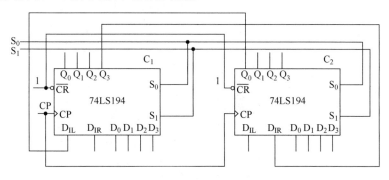

图 5-28　例 5-9 逻辑电路
Fig. 5-28　Logic circuit of example 5-9

解　两片 74LS194 工作在同步状态下，共用同一个计数脉冲 CP。同时 $\overline{CR}$、S_1、S_0 端分别并联，工作状态也相同，前级芯片 C_1 的末位输出 Q_3 接到后级芯片 C_2 的 D_{IR} 端，后级芯片的首位输出 Q_0 接入前级芯片的 D_{IL} 端，这样 C_1、C_2 的两个 4 位输出端构成一个整体的 8 位输出端。当寄存器处于右移工作状态时，C_1 的输出端 Q_3 将数据输入 C_2 的 D_{IR} 端，相当于 C_2 开始右移工作，最左边缺位的数据由 C_1 的输出端 Q_3 填充。因此，从整体上看这是一个 8 位右移移位寄存器，而前级芯片 C_1 的右移输入端 D_{IR} 则成为整个寄存器的 D_{IR}。反过来，当寄存器处于左移状态时，前级芯片 C_1 的最右边缺位的数据由 C_2 的输出端 Q_0 填充，整个寄存器处于左移状态，后级芯片 C_2 的 D_{IL} 成为整个寄存器的 D_{IL}。因此，图 5-28 为两片 74LS194 级联构成的 8 位移位寄存器。

2. 移位寄存器 74LS195

除 74LS194 外，还有许多功能各异的集成移位寄存器，在应用时可以根据实际问题灵活选用。图 5-29 所示为具有 JK 输入的移位寄存器 74LS195 的逻辑图及逻辑符号。J 和 K 是两个移位信号控制输入端，使用时将 J 与 K 连在一起，等价于 D 触发器的输入方式。由于只有一组移位输入信号，因此 74LS195 只能进行右移操作。表 5-10 所示为 74LS195 功能表。其中，$\overline{CR}$ 是清零端，低电平有效。SH/$\overline{LD}$ 端是移位/置数控制端，低电平时，移位寄存器从输入端口 $D_3D_2D_1D_0$ 置数；高电平时进行移位操作。74LS195 有两个串行输出端 Q_3^n 和 $\overline{Q}_3^n$，可以提供最后一级的反向输出，这有利于灵活搭建反馈电路。

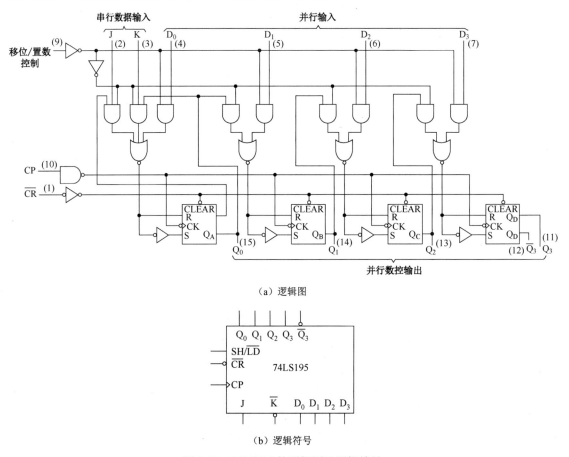

（a）逻辑图

（b）逻辑符号

图 5-29　74LS195 的逻辑图及逻辑符号

Fig. 5-29　Logic diagram and logic symbol of 74LS195

表 5-10　74LS195 功能表

Table 5-10　　Function table of 74LS195

$\overline{CR}$	SH/$\overline{LD}$	J	$\overline{K}$	Q_0	Q_1	Q_2	Q_3	功　能
0	×	×	×	0	0	0	0	清零
1	0	×	×	D_0	D_1	D_2	D_3	置数
1	1	0	1	Q_0	Q_0	Q_1	Q_2	移位（右移）
1	1	0	0	0	Q_0	Q_1	Q_2	移位（右移）
1	1	1	1	1	Q_0	Q_1	Q_2	移位（右移）
1	1	1	0	$\overline{Q_0}$	Q_0	Q_1	Q_2	移位（右移）

例 5-10　用 4 位移位寄存器 74LS195 实现模 12 同步计数器。

解　图 5-30 所示为移位寄存器构成的模 12 同步计数器。并行数据输入全部为 0，由 Q_3 作为串行数据输入 $\overline{K}$，$\overline{Q_3}$ 作为 J 输入。SH/$\overline{LD}$ = $\overline{Q_2Q_1Q_0}$，在 CP 作用下，其状态转移表如表 5-11 所示。

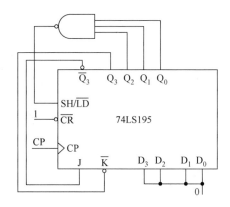

图 5-30　移位寄存器构成的模 12 同步计数器

Fig. 5-30　Modulo 12 synchronous counter composed of shift register

表 5-11　例 5-10 状态转移表

Table 5-11　　State transition table of example 5-10

Q_3^n	Q_2^n	Q_1^n	Q_0^n	SH/$\overline{LD}$	Q_3^{n+1}	Q_2^{n+1}	Q_1^{n+1}	Q_0^{n+1}
0	0	0	0	1	0	0	0	1
0	0	0	1	1	0	0	1	0
0	0	1	0	1	0	1	0	1
0	1	0	1	1	1	0	1	0
1	0	1	0	1	0	1	0	0
0	1	0	0	1	1	0	0	1
1	0	0	1	1	0	0	1	1
0	0	1	1	1	0	1	1	0
0	1	1	0	1	1	1	0	1
1	1	0	1	1	1	0	1	1
1	0	1	1	1	0	1	1	1
0	1	1	1	0	0	0	0	0

如果要构成其他模值计数器，只需改变并行输入数据即可，其他结构不变。表 5-12 所示为实现各种不同模值的并行输入数据。

表 5-12　不同模值输入数据

Table 5-12　Input data for different modulos

计数模值	D_3	D_2	D_1	D_0
1	0	1	1	1
2	1	0	1	1
3	1	1	0	1
4	0	1	1	0
5	0	0	1	1
6	1	0	0	1
7	0	1	0	0
8	1	0	1	0
9	0	1	0	1
10	0	0	1	0
11	0	0	0	1
12	0	0	0	0
13	1	0	0	0
14	1	1	0	0
15	1	1	1	0

采用移位寄存器和译码器可以构成程序计数器（分频器）。图 5-31 所示为由 3 线—8 线译码器和 2 片移位寄存器 CT54/74195 构成的程序计数器。图中，片（1）为 3 线—8 线译码器，用来编制**分频比**（Frequency Division Ratio）。所需分频比由 CBA 来确定。片（2）和片（3）为集成移位寄存器。改变片（1）的输入地址 CBA，可改变分频比。

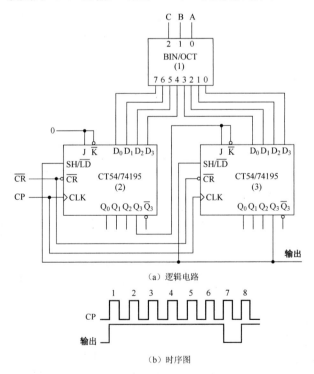

（a）逻辑电路

（b）时序图

图 5-31　分频器的逻辑电路及时序图

Fig. 5-31　Logic circuit and waveform diagram of frequency divider

5.3.3　序列信号发生器（Sequence Signal Generator）

在通信、雷达、遥测遥感、数字信号传输和数字系统的测试中，往往需要用到一组具有特殊性质的串行数字信号，这种由 1、0 数码按一定顺序排列的周期信号称为序列信号。产生这种信号的电路称为序列信号发生器。序列信号发生器的构成方法有多种，本节重点介绍移存型序列信号发生器和计数型序列信号发生器。

1. 移存型序列信号发生器（Shift Type Sequence Signal Generator）

由图 5-32 所示的框图可以看出，移存型序列信号发生器一般由移位寄存器和组合反馈电路两部分构成。

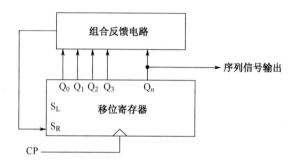

图 5-32　移存型序列信号发生器框图

Fig. 5-32　Block diagram of shift type sequence signal generator

其中，移位寄存器的结构和模式是固定不变的，因此在分析应用及设计时，应当把重点放在组合反馈电路上。移存型序列信号发生器设计的一般方法如下。

（1）根据序列信号的长度，确定最少触发器的数目 n。对于计数型序列信号发生器，n 满足如下关系：

$$2^{n-1} < M \leqslant 2^n \tag{5-10}$$

式中，M 为计数器的模。对于移存型序列信号发生器，如果 M 是序列长度，M 和 n 的关系并不一定满足，但是在设计时可以参照式（5-10）进行初始的确定。

（2）通过分组，验证触发器数目 n 是否满足需要。具体方式是，对于给定的序列信号，按照 n 位一组，依次后移一位的方式进行分组，共取到序列结尾为止，共 M 组，M 为序列长度。假设 M 组二进制代码都不重复，则说明 n 个触发器可用。如果 M 组二进制代码中有重复的，则说明电路不能够用 n 个触发器搭建完成，可尝试 $n+1$ 位一组的方式进行分组，直至 M 组二进制代码中没有重复的情况，则此时的 $n+1$ 就是所需触发器的个数。

（3）按照所得的 M 组二进制代码编写序列信号发生器的状态转移表，状态转移表中最后一列表示的应该是反馈信号，也就是当前触发器的下一状态。

（4）根据状态转移表求反馈函数并进行化简，一般需要使用卡诺图化简。

（5）检查电路自启动状态，画出逻辑图。

例 5-11　用中规模逻辑器件设计序列信号发生器，产生序列 100111 100111。

解　（1）确定移位寄存器位数，由于序列长度为 6，因此首先考虑使用 3 位移位寄存器。

（2）对序列信号进行分组：

100111100111
100
　001
　　011
　　　111
　　　111
　　　　110

从分组情况可以看出，其中出现了两个 111 状态。因此，采取 3 位移位寄存器不能够满足设计需要，考虑使用 4 位，分组情况如下：

100111100111
1001
　0011
　　0111
　　　1111
　　　1110
　　　　1100

此时可以发现，6 种状态中没有重复状态，因此确定 $n = 4$。

（3）设反馈信号为 F_0，当移位寄存器右移时，Q_1^n 中的信号移到 Q_1^n，F_0 的信号移到 Q_0^n，于是可以画出状态转移表。例如，当 $Q_3^n Q_2^n Q_1^n Q_0^n = 1001$ 时，在 CP 的作用下，移位寄存器实现右移，$Q_3^n Q_2^n Q_1^n Q_0^n = 001F_0$，下一个状态为 0011，所以 $F_0 = 1$；当 $Q_3^n Q_2^n Q_1^n Q_0^n = 0011$ 时，下一个状态为 $Q_3^n Q_2^n Q_1^n Q_0^n = 0111$，所以 $F_0 = 1$。于是画状态转移表，如表 5-13 所示。

画出反馈函数 F_0 的卡诺图（见图 5-33），并且化简，得

$$F_0 = \bar{Q}_3^n + \bar{Q}_1^n$$

表 5-13　例 5-11 状态转移表

Table 5-13　State transition table of example 5-11

Q_3^n	Q_2^n	Q_1^n	Q_0^n	F_0
1	0	0	1	1
0	0	1	1	1
0	1	1	1	1
1	1	1	1	0
1	1	1	0	0
1	1	0	0	1

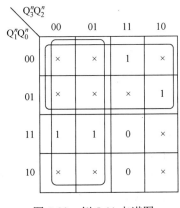

图 5-33　例 5-11 卡诺图

Fig. 5-33　Karnaugh map of example 5-11

（4）检查自启动情况。

根据以上的结果，可以画出状态完整的状态转移图，如图 5-34 所示。

可以看到，电路产生了一个**无效循环**（Invalid Loop），因此电路不具备自启动特性。所以，需要修改电路设计。其中心思路就是在无效循环和**有效循环**（Valid Loop）中建立联系，

将无效循环引入有效循环，对于本电路来说，若对于 0110 状态，在 $F_0 = 1$ 时转移到 1101；在 $F_0 = 0$ 时转移到 1100。因此，可以将 0110 状态转移到 1100 状态（0110→1100，此时 $F_0 = 0$），0010→0100，此时 $F_0 = 0$ 时修改过的状态转移图如图 5-35 所示。

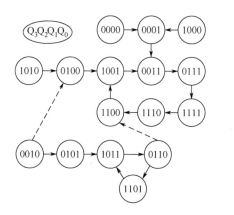

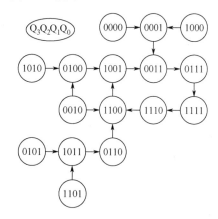

图 5-34 例 5-11 状态转移图

Fig. 5-34 State transition diagram of example 5-11

图 5-35 例 5-11 修改过的状态转移图

Fig. 5-35 Modified state transition diagram of example 5-11

反馈信号的状态方程变为

$$F_0 = \overline{Q}_3^n Q_0^n + \overline{Q}_1^n$$

若采用 4 选 1 数据选择器实现反馈函数 F_0，将 Q_0 作为记图变量，得到卡诺图如图 5-36（b）、图 5-36（c）所示。

（5）画出逻辑电路，如图 5-37 所示。

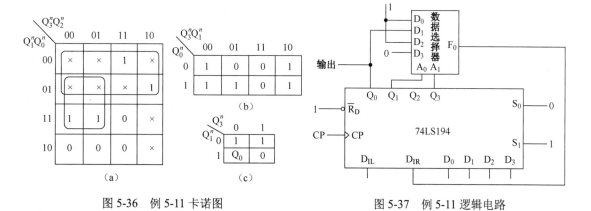

图 5-36 例 5-11 卡诺图

Fig. 5-36 Karnaugh map of example 5-11

图 5-37 例 5-11 逻辑电路

Fig. 5-37 Logic circuit of example 5-11

2. 计数型序列信号发生器（Counting Type Sequence Signal Generator）

与移存型序列信号发生器相比，计数型序列信号发生器的电路结构比较复杂，但是它有一个很大的优点，即能够同时生成多种序列组合。计数型序列信号发生器是在计数器的基础上附加反馈电路构成的，而且计数长度 M 同计数器的模值 M 是一样的。因此在设计序列信号发生器时，要先设计一个模 M 计数器，再按照计数器的状态转换关系设计输出组合逻辑电路。

图 5-38 所示为计数型序列信号发生器的框图，可以看出，虽然电路本身比较复杂，但是

计数型序列信号发生器的状态设置和输出序列的更改相对比较方便。

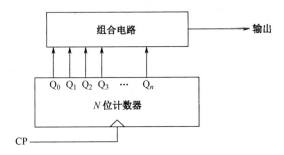

图 5-38　计数型序列信号发生器的框图

Fig. 5-38　Block diagram of counting type sequence signal generator

计数型序列信号发生器的设计方法与移存型的有类似之处，都需要确定所需触发器的位数，列出状态转移表并化简，检查自启动特性等。但是，由于电路的输出位于组合逻辑电路，因此在设计时可以根据需要灵活掌握。

例 5-12　用中规模逻辑器件产生以下两个序列信号：

（1）10101，10101；

（2）11011，11011。

解　两个序列长度都是 5，因此需要一个模 5 计数器，采用 74LS161 或 74LS160 均可以实现，本例采用 74LS161。由 $M = 5$，根据式 $2^{n-1} < M \leqslant 2^n$ 得 $n = 3$，即需要 3 位触发器，选取计数循环为 011,100,101,110,111。

列出真值表，如表 5-14 所示。

表 5-14　例 5-12 真值表

Table 5-14　Truth table of example 5-12

序　号	Q_2^n	Q_1^n	Q_0^n	Y_1	Y_2
0	0	1	1	1	1
1	1	0	0	0	1
2	1	0	1	1	0
3	1	1	0	0	1
4	1	1	1	1	1

画卡诺图并化简，如图 5-39 所示。

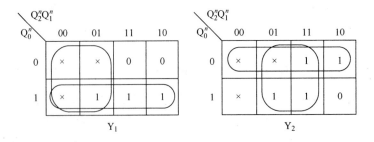

图 5-39　例 5-12 卡诺图

Fig. 5-39　Karnaugh map of example 5-12

状态转移方程为

$$Y_1 = \overline{Q}_2^n + Q_0^n \qquad Y_2 = \overline{Q}_0^n + Q_1^n$$

将状态转移方程化简，以 Q_0^n 为记图变量，如图 5-40 所示，后级输出选用双 4 选 1 数据选择器 74LS153，逻辑电路如图 5-41 所示。

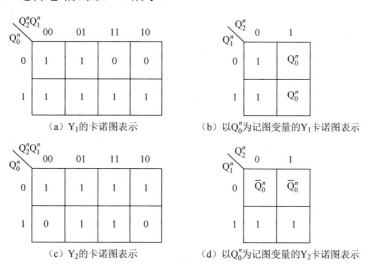

（a）Y_1 的卡诺图表示　　　　　　　（b）以 Q_0^n 为记图变量的 Y_1 卡诺图表示

（c）Y_2 的卡诺图表示　　　　　　　（d）以 Q_0^n 为记图变量的 Y_2 卡诺图表示

图 5-40　降维图

Fig. 5-40　Reduced-dimension diagram

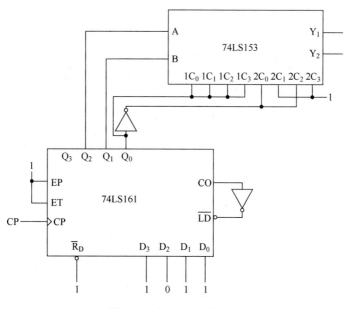

图 5-41　例 5-12 逻辑电路

Fig. 5-41　Logic circuit of example 5-12

本章小结（Summary）

时序逻辑电路分为同步时序逻辑电路和异步时序逻辑电路两大类。在同步时序逻辑电路中有统一的时钟脉冲，使所有的触发器同步工作。在异步时序逻辑电路中，存储电路状态的改变与时钟脉冲异步。由于异步时序逻辑电路存在竞争冒险现象，因此同步时序逻辑电路的应用比异步时序逻辑电路更为广泛。

时序逻辑电路与组合逻辑电路在功能上的不同点是，时序逻辑电路在任一时刻的输出不仅取决于该时刻的输入，而且还依赖于过去的输入。其电路结构包含组合逻辑电路和存储电路两部分，从组合逻辑电路输出经存储电路回到组合逻辑电路的回路中至少存在着一条反馈支路。时序逻辑电路与组合逻辑电路除在逻辑功能及电路结构上不同外，在描述方法、分析方法和设计方法上也有明显区别。

通常用于描述时序逻辑电路逻辑功能的方法有状态转移方程、驱动方程和输出方程、状态转换表、状态转移图和时序图等几种。在分析时序逻辑电路时，一般从电路图写出状态转移方程、驱动方程和输出方程。在时序逻辑电路设计时，从方程组出发最后画出逻辑图。状态转换表和状态转移图的特点是使电路的逻辑功能一目了然，这也是在得到了方程组后还要画出状态转移图或列出状态转换表的原因。时序图的表示方法便于进行波形观察，在实验调试中方便应用。

时序逻辑电路千变万化，种类不胜枚举。本章主要介绍了寄存器、移位寄存器、计数器和序列信号发生器等几种常用电路。在常用的计数器、移位寄存器等通用性强的时序组件中，状态数的预置方式有异步预置和同步预置两类。在异步预置方式中，只要预置信号有效，组件就立刻进入预置状态。在同步预置方式中，则要在预置信号有效条件下，在随后出现的时钟脉冲协助下才能完成预置功能。清零方式有异步清零和同步清零两种。在异步清零方式中，只要清除信号有效，组件即被清零。在同步清零方式中，在清除信号有效之后，在随后出现的时钟脉冲作用下才完成清零功能。

习　题（Exercises）

5-1　分析题 5-1 图所示的时序逻辑电路。

Analyze the sequential logic circuit shown in figure of exercise 5-1.

5-2　分析题 5-2 图所示时序逻辑电路，写出驱动方程、状态转移方程和输出方程，画出状态转移图。

Analyze the sequential logic circuit shown in figure of exercise 5-2, write the driving equation, state transition equation and output equation, and draw the state transition diagram.

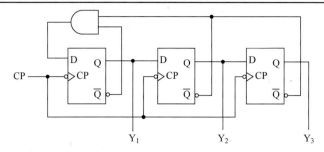

题 5-1 图

Figure of exercise 5-1

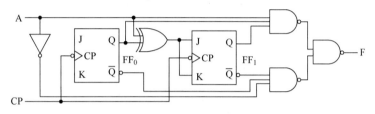

题 5-2 图

Figure of exercise 5-2

5-3　画出题 5-3 图所示电路在 CP 作用下，Q_0，Q_1，F 的时序图。

Draw the waveform diagram of Q_0, Q_1, F of the circuit shown in figure of exercise 5-3 under the action of CP.

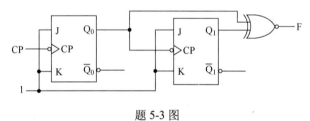

题 5-3 图

Figure of exercise 5-3

5-4　分析题 5-4 图所示时序逻辑电路的逻辑功能，写出电路的驱动方程、状态转移方程和输出方程，画出电路的状态转移图，说明电路能否自启动。

Analyze the logic function of the sequential logic circuit in figure of exercise 5-4, write the driving equation, state transition equation and output equation of the circuit, draw the state transition diagram of the circuit, and explain whether the circuit can start automatically.

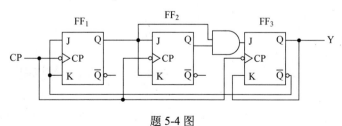

题 5-4 图

Figure of exercise 5-4

5-5　分析题 5-5 图所示时序逻辑电路，列出电路状态转移表并画出状态转移图，说明电路的逻辑功能。

Analyze the sequential logic circuit shown in figure of exercise 5-5, list the circuit state transition table and draw the state transition diagram, and explain the logic function of the circuit.

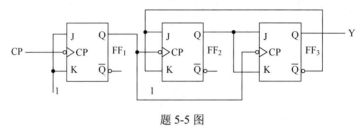

题 5-5 图

Figure of exercise 5-5

5-6　分析如题 5-6 图所示时序逻辑电路，画出状态转移图。

Analyze the sequential logical circuit shown in figure of exercise 5-6 and draw the state transition diagram.

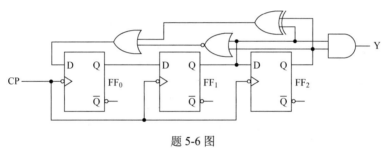

题 5-6 图

Figure of exercise 5-6

5-7　用 JK 触发器设计一个模 7 同步计数器。

Design a modulo 7 synchronous counter with JK flip-flop.

5-8　设计一个可控同步计数器，M_1、M_2 为控制信号。要求：当 $M_1M_2 = 00$ 时，维持原状态；当 $M_1M_2 = 01$ 时，实现模 2 计数；当 $M_1M_2 = 10$ 时，实现模 4 计数；当 $M_1M_2 = 11$ 时，实现模 8 计数。

Design a controllable synchronous counter. M_1 and M_2 are control signals. It is required to maintain the original state when $M_1M_2 = 00$. When $M_1M_2 = 01$, modulo 2 counting is realized. When $M_1M_2 = 10$, modulo 4 counting is realized. When $M_1M_2 = 11$, modulo 8 counting is realized.

5-9　设计一个可变模计数器，当控制信号 $M = 1$ 时实现模 12 计数，当 $M = 0$ 时实现模 7 计数。

Design a variable modulus counter. Modulo 12 counting is realized when the control signal $M = 1$, and modulo 7 counting is realized when $M = 0$.

5-10　分析题 5-10 图所示电路，画出在 CP 作用下 f_0 的输出波形图，并说明 f_0 与 CP 之间的关系。

Analyze the circuit shown in figure of exercise 5-10. Draw the output waveform diagram of f_0 under the action of CP, and explain the relationship between f_0 and CP.

5-11　分析题 5-11 图所示计数器的电路，说明计数器的功能，列出状态转移表。

Analyze the counting circuit shown in figure of exercise 5-11, explain the function of the counter and list the state transition table.

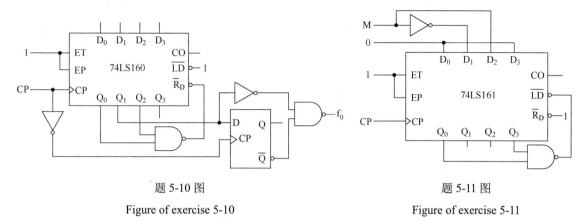

<table>
<tr><td>题 5-10 图</td><td>题 5-11 图</td></tr>
<tr><td>Figure of exercise 5-10</td><td>Figure of exercise 5-11</td></tr>
</table>

5-12　试用中规模集成十六进制同步计数器 74LS161 接成一个模 13 计数器，可附加必要的门电路。

Design a counter of modulo 13 with 74LS161, and necessary gate circuits can be added.

5-13　设计一个串行数据检测电路，当连续出现 4 个或 4 个以上的 1 时，检测输出信号为 1，其他情况下输出信号为 0。

Design a serial data detection circuit. When there are 4 or more 1s continuously, the detection output signal is 1, and the output signal is 0 in other situations.

5-14　分析题 5-14 图所示计数器电路。

Analyze the counter circuit shown in figure of exercise 5-14.

5-15　分析题 5-15 图所示计数器电路。

Analyze the counter circuit shown in figure of exercise 5-15.

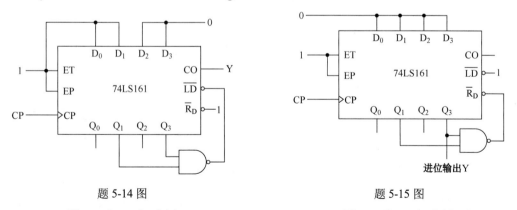

<table>
<tr><td>题 5-14 图</td><td>题 5-15 图</td></tr>
<tr><td>Figure of exercise 5-14</td><td>Figure of exercise 5-15</td></tr>
</table>

5-16　试分析题 5-16 图所示计数器电路的分频比（即 Y 与 CP 的频率之比）。

Try to analyze the frequency division ratio of the counter circuit shown in figure of exercise 5-16 (i.e. the ratio of the frequencies of Y and CP).

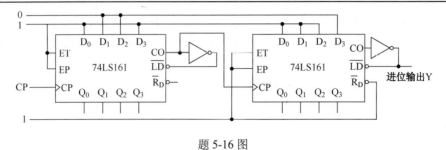

题 5-16 图

Figure of exercise 5-16

5-17   用 74LS160 设计一个 365 进制的计数器。

Design a 365-system-counter with 74LS160.

5-18   设计一个序列信号发生器电路，使之在一系列 CP 信号作用下能周期性地输出"0010110111"的序列信号。

Design a sequence signal generator circuit to periodically output the sequence signal of "0010110111" under the action of a series of CP signals.

5-19   设计移存型序列信号发生器，要求产生的序列信号为"1111001000"。

Design a shift type sequence signal generator requiring the generated sequence signal is "1111001000".

5-20   设计一个控制步进电动机三相六状态工作的逻辑电路。如果用 1 表示电动机绕组导通，0 表示电动机绕组截止，则 3 个绕组 ABC 的状态转移图如题 5-20 图所示。M 为输入控制变量，当 M = 1 时为正转，当 M = 0 时为反转。

Design a logic circuit is to control the three-phase six-state operation of the stepping motor. If 1 indicates that the motor winding is on and 0 indicates that the motor winding is off, the state transition diagram of the three windings ABC is shown in figure of exercise 5-20. M is the input control variable. When M = 1, it is forward rotation, and when M = 0, it is reverse rotation.

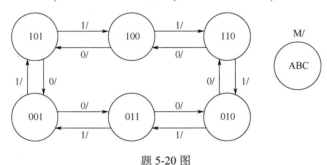

题 5-20 图

Figure of exercise 5-20

第 6 章　实　　验
（Experiment）

实验注意事项（Experimental Precautions）

1. 注意集成电路的外形识别，不可插反方向导致烧毁芯片。
2. 注意芯片的电源电压范围，准确接入电源电压。
3. 不允许输出端直接接电源或接地，不允许输入端悬空。
4. 严禁带电插拔芯片和改变电路连接线。
5. 实验中出现焦煳味、冒烟等现象，应立即切断电源，报告老师。
6. 实验前检查设备、器件是否满足实验要求，实验后断电、拆除电路并清理。

6.1　编码器和译码器及应用
（Encoder and Decoder and their Applications）

6.1.1　编码器及应用（Encoder and its Applications）

1. 实验目的（Experimental Purpose）

（1）熟悉数字逻辑器件的使用规则和方法，掌握数字逻辑电路的搭建、测试和故障排除；
（2）掌握普通编码器和优先编码器的逻辑功能及使用方法；
（3）掌握优先编码器的功能扩展方法。

2. 实验设备（Experimental Equipment）

（1）数字逻辑实验箱　　　　　　　　　　1 台
（2）直流稳压电源　　　　　　　　　　　1 台
（3）数字万用表　　　　　　　　　　　　1 台
（4）双 4 输入或门 74LS25　　　　　　　2 片
（5）8 线—3 线优先编码器 74LS148　　　2 片

（6）四 2 输入与非门 74LS00　　　　　　　1 片

（7）六反相器 74LS04　　　　　　　　　　1 片

3. 实验原理（Experimental Principle）

在组合逻辑电路中，电路的输出仅仅取决于该时刻的输入信号，而与该时刻输入信号作用前电路原来的状态无关。编码器是一种典型的组合逻辑器件，可以实现编码功能，将具有特定意义的信息编成相应二进制代码。编码器有普通编码器和优先编码器两种。

（1）普通编码器

3 位二进制编码器又称 8 线—3 线编码器，实现比较简单。图 6-1 所示为 3 位二进制编码器的逻辑符号。3 位二进制编码器把 8 个输入信号 $I_0 \sim I_7$ 编成对应的 3 位二进制代码输出 $Y_2 Y_1 Y_0$。

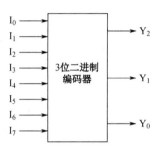

图 6-1　3 位二进制编码器的逻辑符号

Fig. 6-1　Logic symbol of 3-bit binary encoder

对 3 位二进制编码器进行编码时，在任何时刻只允许输入一个编码有效信号，否则输出将发生混乱。

（2）优先编码器

优先编码器允许同时输入两个以上的编码信号，电路只对其中优先级高的信号进行编码，而不会对优先级低的信号编码。常见的优先编码器有 8 线—3 线优先编码器 74LS148，引脚排列图如图 6-2 所示。其中，$\overline{ST}$ 为选通输入端，低电平有效；8 个输入编码信号 $\overline{I_7}$、$\overline{I_6}$、$\overline{I_5}$、$\overline{I_4}$、$\overline{I_3}$、$\overline{I_2}$、$\overline{I_1}$、$\overline{I_0}$，低电平有效，其中 $\overline{I_7}$ 的优先级最高；$\overline{Y_S}$ 端为使能输出端或称选通输出端，$\overline{Y_{EX}}$ 端为扩展输出端；输出信号为 $\overline{Y_2}$、$\overline{Y_1}$、$\overline{Y_0}$。

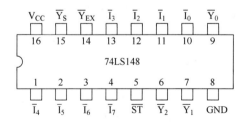

图 6-2　74LS148 引脚排列图

Fig. 6-2　Pin arrangement diagram of 74LS148

4．实验内容及步骤（Experimental Content and Step）

（1）用 74LS25 设计 3 位二进制普通编码器

用 3 个或门电路设计搭建 3 位二进制普通编码器逻辑电路，输出编码结果 $Y_2Y_1Y_0$。要求画出实验逻辑电路。双 4 输入或门 74LS25 的引脚排列图如图 6-3 所示，其中 $Y = A + B + C + D$。

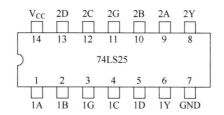

图 6-3   74LS25 引脚排列图

Fig. 6-3   Pin arrangement diagram of 74LS25

搭建电路，通电检查和调试电路，根据观察的结果列出功能表。

（2）用 74LS148 和 74LS00 设计 4 位二进制优先编码器

4 位二进制优先编码器即 16 线—4 线优先编码器。用 1 片 74LS148 和 1 片 74LS00 搭建 4 位优先编码器，要求画出实验逻辑电路。四 2 输入与非门 74LS00 的引脚排列图如图 6-4 所示，其中 $Y = \overline{AB}$。

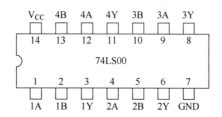

图 6-4   74LS00 引脚排列图

Fig. 6-4   Pin arrangement diagram of 74LS00

搭建电路，通电检查和调试电路，根据观察的结果列出功能表。

（3）用 74LS00 和 74LS04 设计 2 位二进制优先编码器

2 位二进制优先编码器即 4 线—2 线优先编码器。尝试用与非门及非门实现，与非门采用的是四 2 输入与非门 74LS00，非门则用六反相器 74LS04，74LS04 引脚排列图如图 6-5 所示，其中 $Y = \overline{A}$。

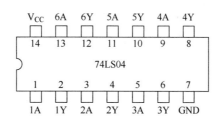

图 6-5   74LS04 引脚排列图

Fig. 6-5   Pin arrangement diagram of 74LS04

先设计完成此 2 位二进制优先编码器的功能表，如表 6-1 所示。

表 6-1　2 位二进制优先编码器的功能表

Table 6-1　Function list of 2-bit binary priority encoder

输入				输出	
I_3	I_2	I_1	I_0	Y_1	Y_0

写出两个输出变量的逻辑表达式，并做必要的转换，使其能够用与非门及非门实现。画出逻辑电路，使用 74LS00 和 74LS04 搭建电路，通电检查和调试电路，验证电路是否符合功能表。

5. 思考题（Questions）

（1）使用逻辑门电路，如何设计出一个 8421 BCD 码普通编码器？

Using logical gate circuit, how to design a common encoder of 8421 BCD?

（2）试用 74LS148 和必要的门电路设计一个八人抢答器。

Try using 74LS148 and necessary gate circuits to design an answering machine of eight groups.

6. 实验报告要求（Experimental Report Requirement）

（1）详细写出实验设计过程，对实验数据和结果做出必要的分析。

Write out the process of experimental design in detail, and make necessary analysis on experimental data and results.

（2）整理并分析实验过程，对实际数字逻辑电路的测试和故障排除给出学习心得。

Organize and analyze the experimental process, and provide learning experience on the testing and troubleshooting of actual digital logic circuit.

6.1.2　译码器及应用（Decoder and its Applications）

1. 实验目的（Experimental Purpose）

（1）掌握变量译码器的逻辑功能和使用方法；
（2）掌握显示译码器的逻辑功能和使用方法。

2. 实验设备（Experimental Equipment）

（1）数字逻辑实验箱　　　　　　　1 台
（2）直流稳压电源　　　　　　　　1 台
（3）数字万用表　　　　　　　　　1 台
（4）函数信号发生器　　　　　　　1 台
（5）3 线—8 线译码器 74LS138　　1 片
（6）七段显示译码器 74LS47　　　2 片

（7）双 4 输入与非门 74LS20   1 片

3. 实验原理（Experimental Principle）

译码器是将输入的二进制代码翻译成相应输出信号电平的电路。变量译码器又称为二进制译码器或完全译码器，它的输入是一组二进制代码，输出是与输入相对应的高、低电平信号。显示译码器可用来驱动显示器件，其中七段显示译码器将 BCD 码译成数码管所需要的七段驱动信号，以便显示出十进制数。

（1）变量译码器

74LS138 是一种典型的中规模集成 3 线—8 线译码器，引脚排列图如图 6-6 所示。S_1、$\overline{S_2}$、$\overline{S_3}$ 是 3 个选通输入端，其中 1 个高电平有效，2 个低电平有效。当选通输入端都有效时，输出端 $\overline{Y_0}$、…、$\overline{Y_7}$ 的逻辑表达式都是关于输入端 A_2、A_1、A_0 的最小项，$\overline{Y_i} = \overline{m_i}$。

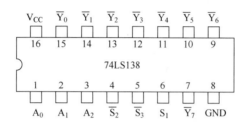

图 6-6　74LS138 引脚排列图

Fig. 6-6　Pin arrangement diagram of 74LS138

74LS138 的输出包含输入端 3 个变量的所有最小项。用 N 变量译码器加上输出门，就能获得任何形式的输入变量不大于 N 的组合逻辑函数。

（2）七段显示译码器

常用的集成七段显示译码器有 74LS48，引脚排列图如图 6-7 所示。$A_3 \sim A_0$ 是 4 位二进制代码输入，RBI 为灭零输入端。$\overline{BI}/\overline{RBO}$ 是双重功能的端口，$\overline{RBO}$ 为灭零输出，$\overline{BI}$ 为消隐输入。将 $\overline{BI}/\overline{RBO}$ 与 RBI 配合使用，可实现多个 74LS48 的扩展使用，实现更多位数码显示的灭零控制。

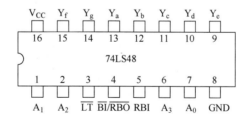

图 6-7　74LS48 引脚排列图

Fig. 6-7　Pin arrangement diagram of 74LS48

4. 实验内容及步骤（Experimental Content and Step）

（1）验证变量译码器和七段显示译码器的逻辑功能

先给变量译码器 74LS138 的 3 个选通输入端 S_1、$\overline{S_2}$、$\overline{S_3}$ 分别输入 1、0、0 以外的其他组合，观察输出端接指示灯的情况。再给 S_1、$\overline{S_2}$、$\overline{S_3}$ 分别输入 1、0、0，随着给输入端 A_2、A_1、

A_0 加不同组合的逻辑电平，观察输出端接指示灯的变化情况。通过观测的结果完成 74LS138 的功能表 6-2。

表 6-2　74LS138 的功能表

Table 6-2　Function list of 74LS138

S_1	$\overline{S}_2 + \overline{S}_3$	A_2	A_1	A_0	$\overline{Y}_0$	$\overline{Y}_1$	$\overline{Y}_2$	$\overline{Y}_3$	$\overline{Y}_4$	$\overline{Y}_5$	$\overline{Y}_6$	$\overline{Y}_7$
×	1	×	×	×								
0	×	×	×	×								
1	0	0	0	0								
1	0	0	0	1								
1	0	0	1	0								
1	0	0	1	1								
1	0	1	0	0								
1	0	1	0	1								
1	0	1	1	0								
1	0	1	1	1								

分别验证七段显示译码器 74LS48 的消隐、灭零和灯测试功能。给 4 位二进制代码输入 $A_3 \sim A_0$ 加不同组合的逻辑电平，观察输出端接七段数码管的变化情况。根据观察的结果完成 74LS48 的功能表 6-3。

表 6-3　74LS48 的功能表

Table 6-3　Function list of 74LS148

$\overline{LT}$	RBI	A_3	A_2	A_1	A_0	$\overline{BI}/\overline{RBO}$	Y_a	Y_b	Y_c	Y_d	Y_e	Y_f	Y_g
×	×	×	×	×	×	0（输入）							
0	×	×	×	×	×								
1	1	0	0	0	0								
1	0	0	0	0	0								
1	×	0	0	0	1								
1	×	0	0	1	0								
1	×	0	0	1	1								
1	×	0	1	0	0								
1	×	0	1	0	1								
1	×	0	1	1	0								
1	×	0	1	1	1								
1	×	1	0	0	0								
1	×	1	0	0	1								
1	×	1	0	1	0								
1	×	1	0	1	1								
1	×	1	1	0	0								
1	×	1	1	0	1								
1	×	1	1	1	0								
1	×	1	1	1	1								

（2）用 74LS138 和 74LS20 实现多输出逻辑函数

用 74LS138 和双 4 输入与非门 74LS20 实现逻辑函数 $Y_1 = \overline{ABC} + AB\overline{C}$ 和 $Y_2 = AC$，要求画出逻辑电路。74LS20 的引脚排列图如图 6-8 所示，其中 $Y = \overline{ABCD}$。

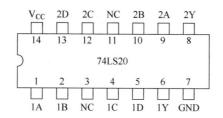

图 6-8　74LS20 引脚排列图

Fig. 6-8　Pin arrangement diagram of 74LS20

搭建电路，通电检查和调试电路，根据观察的结果列出功能表。

（3）用 74LS138 实现数据分配器

在 74LS138 的输入端 A_2、A_1、A_0 分别输入 000、001～111 的 8 种不同状态时，用函数信号发生器的输出信号作为译码器一个选通输入端的输入信号，用示波器观测和记录与之对应的输出端的输出波形。

（4）用 74LS138 和 74LS20 实现"异或"和"同或"逻辑

根据理论课的学习，"异或"和"同或"可以分别表示为

$$Y_1 = A \oplus B = A\overline{B} + \overline{A}B，\quad Y_2 = A \odot B = AB + \overline{A}\,\overline{B}$$

思考如何用 74LS138 和 74LS20 构建两个逻辑函数，从而实现"异或"和"同或"逻辑。由于 74LS138 有 3 个信号输入端，要转化为 2 线—4 线译码器，应处理好多余的输入端。要求画出实验逻辑电路，记录实验数据。

5. 思考题（Questions）

（1）用 2 片 74LS138 设计实现一个 4 线—16 线译码器。

Using 2 pieces of 74LS138 to design and realize a 4-line-16-line decoder.

（2）用 74LS138 设计实现一个 1 位二进制全加器。

Using 74LS138 to design and realize a 1-bit binary full-adder.

6. 实验报告要求（Experimental Report Requirement）

（1）详细写出实验设计过程，对实验数据和结果做出必要的分析。

Write out the process of experimental design in detail, and make necessary analysis on experimental data and results.

（2）画出实验内容（3）的输入/输出波形，分析讨论同相输出和反相输出的情况。

Draw the input and output waveforms of the experimental content (3), analyze and discuss the inphase output and inverted output.

6.2 数据选择器及应用
（Data Selector and its Applications）

1. 实验目的（Experimental Purpose）

（1）掌握数据选择器的逻辑功能和使用方法；
（2）掌握用数据选择器实现逻辑函数的方法。

2. 实验设备（Experimental Equipment）

（1）数字逻辑实验箱   1 台
（2）直流稳压电源   1 台
（3）数字万用表   1 台
（4）函数信号发生器   1 台
（5）双 4 选 1 数据选择器 74LS153   1 片
（6）双 4 输入或门 74LS25   1 片
（7）六反相器 74LS04   1 片

3. 实验原理（Experimental Principle）

数据选择器根据 N 条地址输入线（$A_{N-1} \sim A_0$）的输入编码信息，从 2^N 个输入信号中选择 1 个信号输出。当选通信号有效时，输出 Y 的逻辑表达式为

$$Y = \sum_{i=0}^{2^n-1} D_i m_i$$

其中，m_i 为地址编码 $A_{N-1} A_{N-2} \cdots A_1 A_0$ 的最小项。

双 4 选 1 数据选择器 74LS153 的引脚排列图如图 6-9 所示，功能表如表 6-4 所示。

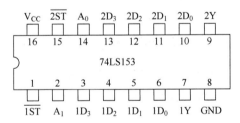

图 6-9　74LS153 引脚排列图

Fig. 6-9　Pin arrangement diagram of 74LS153

表 6-4　74LS153 功能表

Table 6-4　Function list of 74LS153

$\overline{1ST}$	$\overline{2ST}$	A_1	A_0	Y_1	Y_2
0	0	0	0	$1D_0$	$2D_0$

续表

$\overline{1ST}$	$\overline{2ST}$	A_1	A_0	Y_1	Y_2
0	0	0	1	$1D_1$	$2D_1$
0	0	1	0	$1D_2$	$2D_2$
0	0	1	1	$1D_3$	$2D_3$
0	1	0	0	$1D_0$	0
0	1	0	1	$1D_1$	0
0	1	1	0	$1D_2$	0
0	1	1	1	$1D_3$	0
1	0	0	0	0	$2D_0$
1	0	0	1	0	$2D_1$
1	0	1	0	0	$2D_2$
1	0	1	1	0	$2D_3$
1	1	×	×	0	0

由功能表可得 Y_1 和 Y_2 的输出逻辑表达式分别为

$$Y_1 = \overline{A_1}\,\overline{A_0}\,1D_0 + \overline{A_1}\,A_0 1D_1 + A_1 \overline{A_0} 1D_2 + A_1 A_0 1D_3$$
$$Y_2 = \overline{A_1}\,\overline{A_0}\,2D_0 + \overline{A_1}\,A_0 2D_1 + A_1 \overline{A_0} 2D_2 + A_1 A_0 2D_3$$

（1）功能扩展

使用多个数据选择器，利用选通端 $\overline{ST}$ 实现功能扩展。例如，可将一片 74LS153 上集成的两个 4 选 1 数据选择器扩展成一个 8 选 1 数据选择器。8 选 1 数据选择器的地址输入为 $A_2A_1A_0$，高位地址输入端 A_2 接至 $\overline{1ST}$，$\overline{A_2}$ 接至 $\overline{2ST}$。8 选 1 数据选择器的输出端 Y 由 74LS153 的两个输出端相或得到，$Y = 1Y + 2Y$。

（2）实现逻辑函数

① 当数据选择器的地址输入端个数不小于逻辑函数的变量个数时

将函数的输入变量按次序接至数据选择器的地址端，函数的最小项 m_i 便同数据选择器的数据输入端 D_i 一一对应。最小项对应的数据选择器的数据输入端接 1，否则接 0。

② 当数据选择器的地址输入端个数小于逻辑函数的变量个数时

通常有两种实现方法：一种是扩展法，即利用前述的功能扩展；另一种是降维图法，即减少逻辑函数的变量个数，从而可以用 4 选 1 数据选择器实现具有 3 个或更多个变量的逻辑函数。

4．实验内容及步骤（Experimental Content and Step）

（1）验证数据选择器的逻辑功能

先给双 4 选 1 数据选择器 74LS153 的 2 个选通输入端 $\overline{1ST}$、$\overline{2ST}$ 分别输入不同取值组合，观察输出端接指示灯的情况。再调整 A_1、A_0 的输入情况，随着给输入端 A_1、A_0 加不同组合的逻辑电平，观察输出端接指示灯的变化情况。通过观测的结果完成 74LS153 的功能表。

（2）利用扩展法设计三人表决器

设三人表决器有 3 个输入变量 A、B、C，当 2 个或 3 个输入变量为 1 时，输出为 1；当 1 个或 0 个输入变量为 1 时，输出为 0。列出功能表（如表 6-5 所示），写出逻辑表达式。

表 6-5 三人表决器的功能表

Table 6-5 Function list of three person voting machine

A	B	C	Y
0	0	0	
0	0	1	
0	1	0	
0	1	1	
1	0	0	
1	0	1	
1	1	0	
1	1	1	

考虑到这是 3 个变量的逻辑函数，因此需要将双 4 选 1 数据选择器 74LS153 扩展成 8 选 1 数据选择器，使用双 4 输入或门 74LS25 和六反相器 74LS04 实现。搭建电路，通电检查和调试电路。

（3）利用扩展法和降维图法实现逻辑函数

用双 4 选 1 数据选择器 74LS153 加必要的中规模器件可以实现

$$F(A,B,C,D) = \sum m(1,2,3,10,11,12,13)$$

具体方法是，先用扩展法得到一个 8 选 1 数据选择器，再用降维图法实现四变量的逻辑函数。搭建电路，通电检查和调试电路。

（4）用 74LS153 和 74LS04 设计密码锁

密码锁有三个按键，分别是 A、B、C。当三个键均不按下时，锁打不开，也不报警；当只有一个键按下时，锁打不开，且发出报警信号；当有两个键同时按下时，锁打开，也不报警。当三个键都按下时，锁打开，但要报警。

假设 F 代表锁是否打开，F = 1 时锁打开，反之不打开；Y 代表是否报警，Y = 1 时报警，Y = 0 时不报警。输入 0 代表按键未按下，1 代表按键按下。列出功能表（如表 6-6 所示），写出逻辑表达式。

表 6-6 密码锁的功能表

Table 6-6 Function list of code lock

A	B	C	F	Y
0	0	0		
0	0	1		
0	1	0		
0	1	1		
1	0	0		
1	0	1		
1	1	0		
1	1	1		

具体方法是，先由两个 4 选 1 数据选择器分别使用降维图法，构建两个逻辑表达式，再由 74LS153 的两个输出端得到 F 和 Y。搭建电路，通电检查和调试电路。

5．思考题（**Questions**）

（1）用 1 个 4 选 1 数据选择器实现 $F(A,B,C,D)=\sum m(1,2,3,10,11,12,13)$ 。

Using a 1-of-4 data selector to realize $F(A,B,C,D)=\sum m(1,2,3,10,11,12,13)$.

（2）总结数据选择器与数据分配器的不同。

Summarize the differences between data selector and data distributor.

6．实验报告要求（**Experimental Report Requirement**）

（1）详细写出实验设计过程，对实验数据和结果做出必要的分析。

Write out the process of experimental design in detail, and make necessary analysis on experimental data and results.

（2）分析本实验的或门多余输入端该如何处理，其他门电路的多余输入端又该如何处理。

Analyzes how to deal with the redundant input of OR gate and how to deal with the redundant input of other gate circuits.

6.3 触发器及应用
（Flip–Flop and its Applications）

6.3.1 触发器逻辑功能测试（**Logic Function Test for Flip-Flop**）

1．实验目的（**Experimental Purpose**）

（1）熟悉并掌握 D 触发器、JK 触发器的逻辑功能和测试方法。
（2）掌握触发器集成芯片的使用方法。
（3）熟悉不同逻辑功能触发器相互转换的方法。

2．实验设备（**Experimental Equipment**）

（1）数字逻辑实验箱 　　　　　　　1 台
（2）直流稳压电源 　　　　　　　　1 台
（3）数字万用表 　　　　　　　　　1 台
（4）示波器 　　　　　　　　　　　1 台
（5）双 D 触发器 74LS74 　　　　　1 片
（6）双 JK 触发器 74LS112 　　　　 1 片
（7）四 2 输入异或门 74LS86 　　　 1 片

3．实验原理（**Experimental Principle**）

触发器是具有记忆功能的逻辑电路，是时序逻辑电路的基本单元。1 个触发器能够存储 1 位二进制数据。触发器的两个稳定状态，在一定的外加信号作用下可以互相转变；无外加信号作用时，触发器将维持原状态不变。

根据逻辑功能的不同，触发器有 RS 触发器、D 触发器、JK 触发器、T 触发器等类型，其状态方程如表 6-7 所示。

表 6-7 常见触发器状态方程

Table 6-7 State equations of common flip-flop

触发器逻辑功能分类	RS 触发器	JK 触发器	D 触发器	T 触发器
状态方程	$\begin{cases} Q^{n+1} = S + \overline{R}Q^n \\ SR = 0 \end{cases}$	$Q^{n+1} = J\overline{Q^n} + \overline{K}Q^n$	$Q^{n+1} = D$	$Q^{n+1} = T \oplus Q^n$

集成触发器的主要产品是 D 触发器和 JK 触发器，其他功能的触发器可由 D 触发器、JK 触发器转换而来。

D 触发器只有一个激励输入端 D，使用起来较为方便。图 6-10 所示为 74LS74 的引脚排列图。在 CP 上升沿到达时，74LS74 触发器的输出端跟随输入端 D 改变。74LS74 具有异步置位/复位功能。

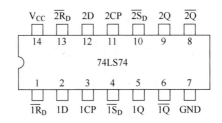

图 6-10 74LS74 引脚排列图

Fig. 6-10 Pin arrangement diagram of 74LS74

JK 触发器功能完善，是灵活性和通用性较强的一类双端输入信号触发器。图 6-11 所示为 74LS112 的引脚排列图。74LS112 同样具有异步置位/复位功能。将 JK 触发器的 J、K 端连在一起作为输入信号，就构成 T 触发器。

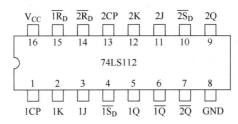

图 6-11 74LS112 引脚排列图

Fig. 6-11 Pin arrangement diagram of 74LS112

4. 实验内容及步骤（Experimental Content and Step）

（1）74LS74 的功能测试

在实验箱上选定 74LS74 的一个 D 触发器进行功能测试，并将测试结果填入表 6-8 中。其中 $\overline{S}_D$ 为直接置位端，$\overline{R}_D$ 为直接复位端；CP 为时钟输入端，测试时接单次脉冲源；其余输入端接逻辑开关。输出端接逻辑指示灯以便观察。表中"↑"代表低电平到高电平的跳变。

表 6-8 74LS74 逻辑功能测试记录

Table 6-8 Logic function test record of 74LS74

$\overline{S}_D$	$\overline{R}_D$	CP	D	Q^n	Q^{n+1}	逻辑功能
0	1	×	×	0		
				1		
1	0	×	×	0		
				1		
1	1	↑	0	0		
				1		
1	1	↑	1	0		
				1		
1	1	0/1	×	0		
				1		

（2）74LS112 的功能测试

在实验箱上对 74LS112 进行功能测试，并将测试结果填入表 6-9 中。注意，测试时在 74LS112 中选定一个 JK 触发器即可。J、K 输入端，直接置位端 $\overline{S}_D$ 及直接复位端 $\overline{R}_D$ 接逻辑开关；CP 接单次脉冲源；输出端 Q 接逻辑指示灯。表中"↓"代表高电平到低电平的跳变。

表 6-9 74LS112 逻辑功能测试记录

Table 6-9 Logic function test record of 74LS112

$\overline{S}_D$	$\overline{R}_D$	CP	J	K	Q^n	Q^{n+1}	逻辑功能
0	1	×	×	×	0		
					1		
1	0	×	×	×	0		
					1		
1	1	↓	0	0	0		
					1		
1	1	↓	0	1	0		
					1		
1	1	↓	1	0	0		
					1		
1	1	↓	1	1	0		
					1		
1	1	0/1	×	×	0		
					1		

（3）触发器逻辑功能转换

分别将 D 触发器和 JK 触发器转换成 T 触发器。要求列出转换表达式，画出实验逻辑电路。设计过程可选用必要的集成电路芯片。四 2 输入异或门 74LS86 的引脚排列图如图 6-12 所示。

5. 思考题（Questions）

（1）本实验中，触发器的时钟脉冲输入采用了单次脉冲源，请问是否可以采用逻辑开关作为脉冲源？请说明原因。

In this experiment, the clock pulse input of the flip-flop uses a single pulse source, can a logic switch be used as the pulse source? Please explain the reason.

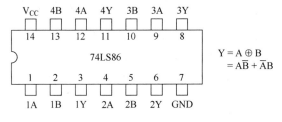

图 6-12   74LS86 引脚排列图

Fig. 6-12   Pin arrangement diagram of 74LS86

（2）将 JK 触发器的逻辑功能转换成 RS 触发器，应该如何连接？

How to convert the logical function of a JK flip-flop into an RS flip-flop?

6．实验报告要求（Experimental Report Requirement）

（1）对触发器进行逻辑功能测试前，应设置或确认触发器的初始状态（低电平或高电平）。

Before testing logic function of the flip-flop, the initial state (low or high) of the flip-flop should be set or confirmed.

（2）整理实验数据，对实验结果进行分析和总结。

Organize the experimental data, analyze and summarize the experimental results.

6.3.2   触发器的应用（**Applications of Flip-Flop**）

1．实验目的（**Experimental Purpose**）

（1）掌握用触发器设计计数器的方法。
（2）掌握时序逻辑电路自启动设计方法。

2．实验设备（**Experimental Equipment**）

（1）数字逻辑实验箱   1 台
（2）直流稳压电源   1 台
（3）数字万用表   1 台
（4）示波器   1 台
（5）双 D 触发器 74LS74   2 片
（6）双 JK 触发器 74LS112   1 片
（7）四 2 输入与非门 74LS00   若干
（8）双 4 输入与非门 74LS20   若干
（9）六反相器 74LS04   若干

3．实验原理（**Experimental Principle**）

计数器作为基本逻辑器件在数字系统中被广泛使用，其基本功能是统计时钟脉冲的个数，也可用于分频、定时、产生节拍脉冲和脉冲序列等。采用触发器和必要的逻辑门，可以设计并得到所需功能的计数器。

计数器的种类很多。第 5 章按不同分类方法对计数器进行了划分。在计数器的设计中，通常需要考虑自启动的要求。数字电路无论处于何种初始状态，都会在时钟脉冲信号作用下，经过有限次的跳变后，自动进入设定的状态。满足这种特性的电路设计，称为自启动电路设计。

判断一个计数器电路能否自启动，可将各无效状态逐个代入各级触发器的驱动方程，若每个无效状态经过一个或多个计数脉冲，能自动进入有效循环，即无效状态中无自成闭合回路的循环，则该计数器能自启动；反之，则属非自启动计数器。将非自启动计数器变为自启动计数器，通常采用的方法有两种：一种是在电路开始工作时通过预置数将电路的状态置成有效状态中的某一个；另一种是修改逻辑设计。

4. 实验内容及步骤（Experimental Content and Step）

（1）分析并验证触发器构成的计数器电路

按图 6-13 搭建计数器电路。CP 接 1kHz 脉冲信号，用示波器同步观察 CP、Q_0、Q_1 的波形，注意触发器的时钟触发有效边沿和各波形的时序对应关系。记录波形时先观察 CP 与 Q_0，再对照 Q_0 记录 Q_1。最后，根据所记录的波形，分析该计数器的功能（需指出该计数器在同步/异步、进制数、加法/减法等方面的具体类型）。

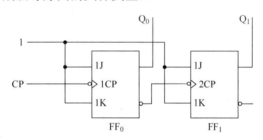

图 6-13 计数器电路分析

Fig. 6-13 Counter circuit analysis

（2）设计模 12 计数器

设计一个可自启动的带进位输出的模 12 计数器。要求使用 D 触发器和必要的门电路。在实验箱上完成电路连线，CP 接 1Hz 脉冲信号，输出端 Q 接逻辑指示灯以便观察输出状态的变化规律。记录输出状态的变化并列出状态转移表和画出状态转移图。

5. 思考题（Questions）

（1）用 JK 触发器和必要的门电路设计并实现一个模 7 同步计数器，检查设计的电路是否能够自启动。

Implemented a synchronous counter of modulo 7 by using JK flip-flop and necessary gate circuit. Check whether the designed circuit can start automatically.

（2）思考并分析"实验内容（1）"采用 1kHz 脉冲信号作为 CP，而"实验内容（2）"的 CP 采用 1Hz 脉冲信号的原因。两个实验的 CP 频率是否可以互换？互换后对实验结果的观察会产生什么样的影响？

Consider and analyze the reason why "experiment content (1)" uses 1kHz pulse signal as CP, while "experiment content (2)" uses 1Hz pulse signal as CP. Can the CP frequencies of the two experiments be interchanged? What effect will the exchange have on the observation of the experimental results?

6. 实验报告要求（Experimental Report Requirement）

（1）详细写出实验过程，对实验数据和结果做出必要的分析。

Write out the experimental process in detail, and make necessary analysis on the experimental data and results.

（2）列出"实验内容（2）"的状态转移表并画出状态转移图，写出状态转移方程、驱动方程和输出方程，画出逻辑电路。

List the state transition table and draw the state transition diagram of "experimental content (2)", write the state transition equation, drive equation and output equation, and draw the logic circuit.

6.4　同步计数器及应用
（Synchronous Counter and its Applications）

6.4.1　集成同步计数器（Integrated Synchronous Counter）

1. 实验目的（Experimental Purpose）

（1）掌握集成同步计数器的逻辑功能和使用方法。
（2）掌握任意进制计数器的设计方法。

2. 实验设备（Experimental Equipment）

（1）数字逻辑实验箱	1 台
（2）直流稳压电源	1 台
（3）数字万用表	1 台
（4）4 位二进制同步计数器 74LS161	1 片
（5）四 2 输入与非门 74LS00	若干
（6）双 4 输入与非门 74LS20	若干
（7）六反相器 74LS04	1 片

3. 实验原理（Experimental Principle）

由 6.3 节内容可知，采用触发器和逻辑门可以构成各种类型的计数器，但电路结构较为复杂，使用不便。而中规模集成计数器功能完善，具有自扩展特性，通用性强，在电路设计中应用集成计数器可较大程度地提高效率。

74LS161 是集成 4 位二进制同步加法计数器，具有同步置数、异步清零功能。74LS161

的引脚排列图如图 6-14 所示。其中，$\overline{R}_D$ 为异步清零（复位）端，$\overline{LD}$ 为同步置数端，EP、ET 为工作状态控制端，CO 为进位输出端，$D_3 \sim D_0$ 为数据输入端，$Q_3 \sim Q_0$ 为数据输出端。

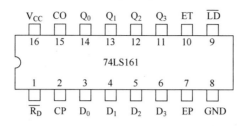

图 6-14　74LS161 引脚排列图

Fig. 6-14　Pin arrangement diagram of 74LS161

74LS161 的功能表如表 6-10 所示。正确使用 74LS161 的逻辑功能，可以构成计数模数 $M \leqslant 16$ 的任意进制计数器。

表 6-10　74LS161 功能表

Table 6-10　Function list of 74LS161

清零	预置	选通输入		时钟	预置数据				输出			
$\overline{R}_D$	$\overline{LD}$	EP	ET	CP	D_3	D_2	D_1	D_0	Q_3^n	Q_2^n	Q_1^n	Q_0^n
0	×	×	×	×	×	×	×	×	0	0	0	0
1	0	×	×	⌐_	D	C	B	A	D	C	B	A
1	1	0	1	×	×	×	×	×	保持（包括 CO）			
1	1	×	0	×	×	×	×	×	保持（CO = 0）			
1	1	1	1	⌐_	×	×	×	×	计数			

（1）异步清零法

使用异步清零法设计的计数器，将 74LS161 数据输出端的全 0 状态视为起始状态，利用 M 进制计数器最后一个计数状态的后续状态（瞬态）译码产生 $\overline{R}_D$ 清零信号，即 $\overline{R}_D =$ 瞬态中为 1 状态量的与非；EP = ET = 1，$\overline{LD} = 1$，数据输入端 $D_3 \sim D_0$ 可接入任意状态。

（2）同步置数法

M 进制计数器处于 1111 状态时输出端 CO 会产生高电平的进位信号，将该进位信号取反后连接到同步置数端 $\overline{LD}$，即 $\overline{LD} = \overline{CO}$；$D_3 \sim D_0$ 置入计数器起始状态，该起始状态 $D_3 \sim D_0$ 为 $2^4 - M$ 所对应的二进制代码；EP = ET = 1，$\overline{R}_D = 1$。

注意，上述方法并非同步置数法设计 M 进制计数器的唯一方案，还可以根据进制数 M 自由选择有效计数状态。确定所有的有效计数状态后，置数信号 $\overline{LD}$ 由最后一个计数状态译码产生，即 $\overline{LD} =$ 最后一个计数状态中为 1 状态量的与非；$D_3 \sim D_0$ 置入计数器起始状态；EP = ET = 1，$\overline{R}_D = 1$。该设计方法更加灵活多样，请在实验中尝试并加以验证。

4. 实验内容及步骤（Experimental Content and Step）

（1）验证集成计数器的逻辑功能

在数字逻辑实验箱上正确连接 74LS161 并接通电源，给输入端加入不同信号，输出端接实验箱逻辑指示灯，观察并记录实验结果，验证该计数器的逻辑功能。

（2）异步清零法实现模 7 计数器

利用 74LS161 的异步清零端 $\overline{R_D}$ 实现模 7 计数器。时钟脉冲频率设置为 1Hz，数据输出端 $Q_3 \sim Q_0$ 接逻辑指示灯显示结果。观察、记录并画出状态转移图。

（3）同步置数法实现带进位输出的模 7 计数器

利用 74LS161 的同步置数端 $\overline{LD}$ 实现模 7 计数器，要求该计数器带有进位输出端。当时钟脉冲频率设置为 1Hz 时，数据输出端 $Q_3 \sim Q_0$ 接逻辑指示灯，观察并记录结果；当时钟脉冲频率设置为 1kHz 时，观察并记录 CP 和 CO 信号的波形。画出状态转移图。

5．思考题（Questions）

（1）分析异步清零法和同步置数法实现任意进制计数器的差别，讨论两种方法的适用范围。

Analyze the differences between the asynchronous zeroing method and the synchronous number method to implement arbitrary base counters, and discuss the scope of application of the two methods.

（2）用一片 74LS161 设计模 7 计数器，你能想出多少种不同的电路设计方法？

Using the 74LS161 to design a counter of modulo 7, how many different circuit design methods can you think of?

6．实验报告要求（Experimental Report Requirement）

（1）按照实验内容要求详细写出设计过程，画出逻辑电路。

According to the requirements of the experimental content, write out the design process in detail and draw the logic circuit.

（2）整理实验数据，分析实验结果与理论是否相符。

Organize the experimental data and analyze whether the experimental results are consistent with the theory.

6.4.2 同步计数器的级联设计（Cascading Design of Synchronous Counter）

1．实验目的（Experimental Purpose）

（1）掌握同步计数器的级联设计方法。
（2）理解计数器在数字电路设计中的应用。

2．实验设备（Experimental Equipment）

（1）数字逻辑实验箱　　　　　　　　　1 台
（2）直流稳压电源　　　　　　　　　　1 台
（3）数字万用表　　　　　　　　　　　1 台
（4）4 位二进制同步计数器 74LS161　　2 片
（5）四 2 输入与非门 74LS00　　　　　1 片
（6）双 4 输入与非门 74LS20　　　　　1 片
（7）六反相器 74LS04　　　　　　　　1 片

3．实验原理（Experimental Principle）

当计数模数大于 16 时，一片 74LS161 将无法完成计数电路的设计，此时，需要多片计数器级联来扩大计数范围。5.3.1 节给出了各片 74LS161 计数器之间的级联方式及基本原理。其中，整体清零方式和整体置数方式的设计思路与用单片 74LS161 设计任意计数器的思路类似，主要区别在于所设计的计数器能够达到的计数模数范围。一片 74LS161 可构成不超过十六进制的任意进制计数器，两片 74LS161 级联则可构成不超过 256 进制的任意进制计数器，实验设计中应当根据进制数合理设计级联的芯片数。

图 6-15 级联了两片 74LS161，采用整体置数法设计了一个 49 进制计数器。该计数器利用 00000000～00110000 共 49 个计数状态实现。根据整体置数法，数据输入端应置入计数器的初始状态，因此，两片 74LS161 的数据输入端 $D_3 \sim D_0$ 全部接 0；$\overline{LD}$ 接最后一个计数状态中为 1 变量的与非。因此，本例中，$\overline{LD}$ 接片（2）的数据输出端 Q_1、Q_0 的与非。

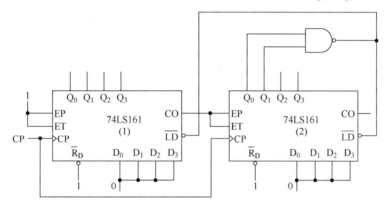

图 6-15　49 进制计数器

Fig. 6-15　Forty-nine base counter

4．实验内容及步骤（Experimental Content and Step）

（1）用整体清零方式实现模 17 计数器

利用两片 74LS161 的异步清零端 $\overline{R_D}$ 实现模 17 计数器。时钟脉冲频率设置为 1Hz，数据输出端接逻辑指示灯显示结果。观察、记录并画出状态转移图。

（2）用整体置数法实现带进位输出的模 17 计数器

利用两片 74LS161 的同步置数端 $\overline{LD}$ 实现模 17 计数器，要求该计数器带有进位输出端。当时钟脉冲频率设置为 1kHz 时，观察并记录 CP 和进位输出信号的波形。画出状态转移图。

5．思考题（Questions）

（1）用两片 74LS161 和必要的逻辑门设计一个带进位输出的 60 进制计数器。

Design a hexadecimal counter with a carry output with 74LS161 and necessary logic gates.

（2）设计一个 365 分频器应采用几片 74LS161 级联？尝试实现并验证该设计。

How many 74LS161 should be used to design a 365 divider? Try to implement and validate the design.

6．实验报告要求（**Experimental Report Requirement**）

（1）按照实验内容要求详细写出设计过程，画出逻辑电路。

According to the requirements of the experimental content, write out the design process in detail and draw the logic circuit.

（2）整理实验数据，分析实验结果与理论是否相符。

Organize the experimental data and analyze whether the experimental results are consistent with the theory.

*第 7 章　模数和数模转换器（ADC and DAC）

7.1　概　述（Overview）

随着数字电子技术特别是计算机技术的发展，数字系统在自动控制、自动检测、数字通信、数字电视与广播等领域的应用越来越广泛。由于计算机只能处理数字信号，而实际信号大多是连续变化的模拟信号，如电压、电流、声音、图像、温度、压力等。因此，必须先把这些模拟量转换成数字系统能够识别的数字量，才能进入数字系统进行处理。这种将模拟量转换成数字量的过程称为模数转换。完成模数转换的电路称为模数转换器，常称作 **A/D 转换器**（**Analog Digital Converter，ADC**）。同时，处理后的数字量又需要转换成相应的模拟量，才能实现对受控对象的有效控制，这种转换称为数模转换。完成数模转换的电路称为数模转换器，常称作 **D/A 转换器**（**Digital Analog Converter，DAC**）。模数与数模转换器是联系数字世界和模拟世界的桥梁，是计算机与外部设备的重要接口，也是数字测量和数字控制系统的重要器件。

为了保证数据处理结果的准确性，D/A 转换器和 A/D 转换器必须有足够的转换精度。同时，为了适应快速过程的控制和检测的需要，D/A 转换器和 A/D 转换器还必须有足够快的转换速度。因此，转换精度和转换速度是衡量 D/A 转换器和 A/D 转换器性能优劣的主要标志。

7.2　A/D 转换器（Analog Digital Converter）

7.2.1　A/D 转换器的工作原理（Working Principle of ADC）

A/D 转换器的作用是将输入的模拟电压转换成与之成正比的二进制数字信号。实质上，A/D 转换器是模拟系统到数字系统的接口电路，其原理框图如图 7-1 所示。

A/D 转换器接收模拟输入 v_I，并输出一个 n 位的数字量 D（$D_{n-1} \cdots D_1 D_0$），数字量和模拟量之间满足

$$D = K v_I \tag{7-1}$$

一个完整的模数转换过程必须包括采样→保持→量化→编码四个部分，如图 7-2 所示。前两个部分在采样—保持电路中完成，后两个部分则在模数转换电路中完成。

---

*本章为补充内容，读者可选学。

图 7-1　A/D 转换器原理框图

Fig. 7-1　Schematic diagram of ADC

图 7-2　模数转换的基本过程

Fig. 7-2　General process of analog-to-digital conversion

1. 采样

采样就是对模拟信号周期性地抽取样值，使得模拟信号变成时间上离散化的脉冲串。图 7-3 是由受控的理想模拟开关 S 实现的采样电路。其中，输入 v_I 是连续的模拟信号，通过采样电路后转换成时间上离散的脉冲信号 v'_I。以图 7-4（a）所示的输入波形 v_I 为例，经过图 7-4（b）所示的开关函数 $S(t)$ 后（采样周期为 T_S），输出波形 v'_I 如图 7-4（c）所示。

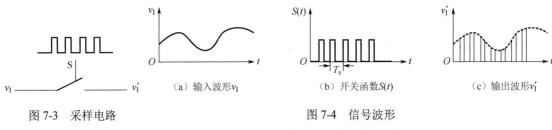

图 7-3　采样电路

Fig. 7-3　Sample circuit

图 7-4　信号波形

Fig. 7-4　Signal waveform

为了保证能从采样信号中将原模拟信号恢复，采样频率 $f_S = 1/T_S$ 至少应是原始输入信号 v_I 的最高次谐波分量的频率 $f_{I(max)}$ 的两倍，也就是必须满足如下条件：

$$f_S \geqslant 2f_{I(max)} \tag{7-2}$$

这一关系称为采样定理，也就是说采样频率只有满足式（7-2），才能正确地恢复出原模拟信号。采样频率越高，采样后的信号越能真实地复现原始信号。但是采样频率提高以后要求转换电路必须具备更快的工作速度。因此，不能无限制地提高采样频率，一般工程上 $f_S = (2.5 \sim 3)f_{I(max)}$ 即可满足大多数的要求。

2. 保持

A/D 转换器将模拟量转换为数字量期间，要求输入的模拟信号有一段稳定的保持时间，以便对模拟信号进行离散处理，即对输入的模拟信号进行采样。这就需要采样保持电路来完成上述功能。一个实际的采样保持电路如图 7-5 所示。

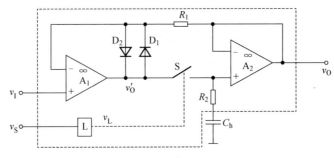

图 7-5　采样保持电路

Fig. 7-5　Sample and hold circuit

图中，A_1、A_2 是两个集成运算放大器，S 是电子模拟开关，L 是控制 S 工作状态的逻辑单元电路。二极管 D_1、D_2 组成保护电路。其工作原理是，当 v_O' 比 v_O 所保持的电压高出一个二极管的正向压降（约 1V）时，D_1 导通，由于二极管具有钳位作用，因此 v_O' 被钳位在 $v_I + U_{D_1}$ 电压上。同理，当 v_O' 比 v_O 低一个二极管的压降时，D_2 导通，v_O' 被钳位在 $v_I - U_{D_2}$ 电压上。这里 U_{D_1}、U_{D_2} 分别表示 D_1、D_2 的正向导通压降。保护电路的作用就是防止在 S 再次接通以前，v_I 发生变化而引起 v_O' 的更大变化，导致 v_O' 与 v_I 不再保持线性关系，并使开关电路可能因承受过高的 v_O' 电压而损坏。注意，只有当 S 断开时，保护电路才起作用；当 S 闭合时，$v_O \approx v_O'$。因此，D_1、D_2 都不导通，保护电路不起作用。

采样保持电路的整个采样保持过程如下：

当 $v_L = 1$ 时，电子模拟开关 S 随之闭合。A_1、A_2 构成单位增益的电压跟随器，故输出 $v_O = v_O' = v_I$。与此同时，v_O' 通过电阻 R_2 对外电容 C_h 进行充电，使 $v_{C_h} = v_O$。因电压跟随器的输出电阻非常小，故 C_h 的充电很快结束。

当 $v_L = 0$ 时，电子模拟开关 S 断开，采样结束。由于 v_{C_h} 无放电通路，其上的电压基本保持不变，即将取样的结果保持了下来。

3. 量化

模拟信号经过采样—保持后的信号幅值仍是连续的，这些值的大小仍属模拟量范畴。只有将这些幅值转化成某个最小数量单位的整数倍，才能将其转换成相应的数字量，这个过程称为量化。量化过程可分为以下两个步骤。

第一步，确定最小数量单位即量化单位 Δ。例如，设模拟信号 v_I，幅值范围为 0～1V，将其转化为 2 位二进制代码，则可确定其量化单位 $\Delta = 1/4$V，由此得到 4 个与 Δ 成正整数倍的量化电平，即 0V、1/4V、2/4V 和 3/4V。

第二步，将输入电压与量化电平进行比较，然后近似地用其中一个量化电平来表示。一般有两种近似方式，即截断量化方式和四舍五入量化方式。

（1）截断量化方式：介于两个量化电平之间的采样值以下限值来代替。仍然以上面的例子说明。如果 $0\text{V} \leqslant v_I < 1/4\text{V}$，则量化为 $0\Delta = 0\text{V}$；如果 $1/4\text{V} \leqslant v_I < 2/4\text{V}$，则量化为 $1\Delta = 1/4\text{V}$，以此类推。经量化后的信号幅值均为 Δ 的整数倍。

（2）四舍五入量化方式：量化间隔仍取 $\Delta = 1/4$V，取两个离散电平中的相近值来代替输入电压。如果 $0\text{V} \leqslant v_I < 1/8\text{V}$，则量化为 $0\Delta = 0\text{V}$；如果 $1/8\text{V} \leqslant v_I < 2/8\text{V}$，则量化为 $1\Delta = 1/4\text{V}$，以此类推。

由于采样得到的样值脉冲的幅度是模拟信号在某些时刻的瞬时值，它们不可能都正好是量化单位 Δ 的整数倍，在量化时，由于舍了去小数部分，因此会产生一定的误差，这个误差称为量化误差。在上例中，截断量化方式中的最大量化误差为 Δ，即 1/4V。采用四舍五入量化方式时，量化误差为 $\Delta/2 = 1/8$V；显然低于截断量化方式的最大量化误差，比前者的方法减小了 1/2。因此，在实际的 A/D 转换器中，普遍采用四舍五入量化方式。量化误差随着 A/D 转换器的位数增加而减小。

4. 编码

量化后的幅值用一个数值代码与之对应，称为编码，这个数值代码就是 A/D 转换器输出的数字量。例如，要求将幅值范围为 0～1V 的模拟信号 v_I 转化为 2 位二进制代码，如果采用截断量化方式，则 0～1/4V 之间的模拟电压都用 00 表示，1/4～2/4V 之间的模拟电压都用 01 表示，2/4～3/4V 之间的模拟电压都用 10 表示，3/4V～1V 之间的模拟电压都用 11 表示。显然，若用 n 位二进制数进行编码，则所带来的最大量化误差为 $1/2^n$V；若采用四舍五入量化方式，则 0～1/7V 对应的模拟电压都用 00 表示，1/7～3/7V 对应的模拟电压都用 01 表示，3/7～5/7V 之间的模拟电压都用 10 表示，5/7～1V 之间的模拟电压都用 11 表示。若用 n 位二进制数进行编码，则所带来的最大量化误差为 $1/2^{n+1}$V。图 7-6 给出了用 3 位二进制数进行编码的示意图。

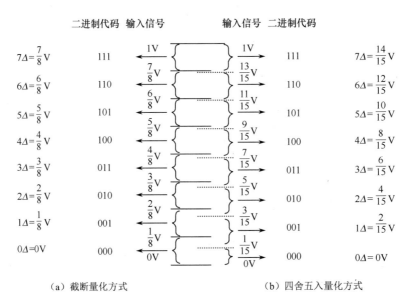

（a）截断量化方式   （b）四舍五入量化方式

图 7-6   量化编码示意图

Fig. 7-6   Quantization coding diagram

7.2.2   A/D 转换器的主要类型和电路特点
（Main Types and Circuit Characteristics of ADC）

A/D 转换器的种类很多，按其转换过程，大致可以分为直接型 A/D 转换器和间接型 A/D 转换器两种。直接型 A/D 转换器能把输入的模拟电压直接转换为输出的数字代码，不需要通过中间变量，常用的有反馈比较型和并行比较型两种。间接型 A/D 转换器是把待转换的输入模拟电压先转换为一个中间变量（时间或频率），再对中间变量进行量化编码得出转换结果。本节主要介绍反馈比较型中的逐次逼近型、并行比较型和双积分型 A/D 转换器。

1．逐次逼近型 A/D 转换器

逐次逼近型 A/D 转换器属于直接型 A/D 转换器，它能把输入的模拟电压通过比较直接转换为输出的数字代码，而不需要经过中间变量。

逐次逼近型 A/D 转换器的工作原理与我们生活中用天平称量物体的过程十分相似。在介绍它的工作原理之前，先用一个天平称量物体的例子说明逐次逼近的概念。假设用 4 个分别为 8g、5g、3g 和 2g 的砝码去称质量为 15g 的物体，称量的过程如表 7-1 所示。

表 7-1　逐次逼近称量物体的过程

Table 7-1　Process of weighing an object in successive approximations

砝 码 质 量	比　　较	加 减 砝 码
8g	砝码总质量 < 物体质量	保留
5g	砝码总质量 < 物体质量	保留
3g	砝码总质量 > 物体质量	除去
2g	砝码总质量 = 物体质量	保留

逐次逼近型 A/D 转换器的工作原理与上述用天平称量物体的过程十分相似，只不过逐次逼近型 A/D 转换器所加减的是标准电压，而天平称量物体所加减的是砝码，原理都是通过逐次逼近的方法使标准电压值（砝码质量）与被转换的电压（待测物体质量）相平衡。这些标准电压通常称为电压砝码。

现用图 7-7 所示的逐次逼近型 A/D 转换器的逼近过程来形象说明逐次比较的过程。图中的模拟电压为 673mV，A/D 转换器的输出即电压砝码可以按二进制的规律或 BCD 8421 码的规律变化，图中给定的是按 BCD 8421 码的规律变化的过程。转换开始前先将寄存器清零，所以加给 A/D 转换器的数字量全为 0。转换控制信号为高电平时开始转换。第一步，加 800mV 的电压砝码，与输入电压比较的结果是电压砝码 800mV > 673mV，因此将 800mV 的电压砝码除去；第二步，加 400mV 的电压砝码，与输入电压比较的结果是电压砝码 400mV < 673mV，因此将 400mV 的电压砝码保留；第三步，加 200mV 的电压砝码，与输入电压比较的结果是电压砝码的值(400+200)mV < 673mV，因此，将 200mV 的电压砝码保留……如此一直进行下去，可获得一组二进制代码 0110 0111 0011（用 1 表示需要保留的砝码，用 0 表示需要去掉的砝码）。把得到的二进制代码存入寄存器中，即与输入电压所对应的二进制数是 0110 0111 0011。

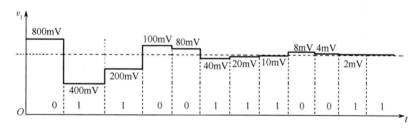

图 7-7　逐次逼近型 A/D 转换器的逼近过程示意图

Fig. 7-7　Schematic diagram of approximation process of successive approximation type ADC

逐次逼近型 A/D 转换器电路结构简单，构思巧妙，在集成 A/D 芯片中用得最多。但是，逐次逼近型 A/D 转换器的速度受比较器的速度、逻辑开销等因素的限制，属于中速 A/D 转换器，是集成 A/D 转换器中应用较广的一种。

2．并行比较型 A/D 转换器

3 位并行比较型 A/D 转换器的原理框图如图 7-8 所示，由电阻分压器、电压比较器、寄存器和优先编码器等部分组成。

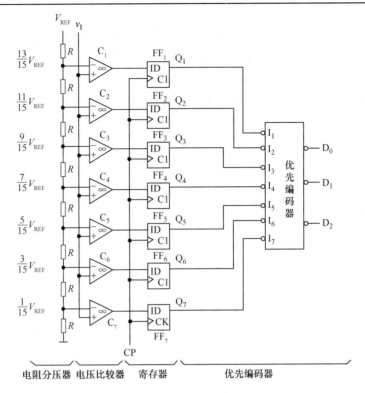

图 7-8　3 位并行比较型 A/D 转换器原理框图

Fig. 7-8　Schematic diagram of 3-bit parallel comparitive ADC

图 7-8 中的 8 个电阻 R 将参考电压 V_{REF} 分成 8 个等级，其中 7 个等级的电压 $V_{REF}/15$、$3V_{REF}/15$、$5V_{REF}/15$、$7V_{REF}/15$、$9V_{REF}/15$、$11V_{REF}/15$ 和 $13V_{REF}/15$ 分别与 7 个比较器的 CP 的反相端（−）相连，作为参考电压。输入电压 v_I（来自取样保持电路的输出）加在比较器的同相端（+），它的大小决定各比较器的输出状态（比较器的基本工作原理是，当正相端电压 V_+ 大于负相端电压 V 时，输出为 1；否则为 0）。比较器的输出状态由 D 触发器构成的寄存器存储，CP 作用后，寄存器的输出状态 $Q_7 \sim Q_1$ 与对应的比较器的输出状态相同。经优先编码器输出数字量 $D_2D_1D_0$。其中，优先编码器对 Q_7 的优先级最高，Q_1 最低。具体分析如下：当 $0 \leqslant v_I < V_{REF}/15$ 时，电压比较器 $C_1 \sim C_7$ 的输出状态都为低电平 0，当 CP 到来后，寄存器 $FF_1 \sim FF_7$ 的输出为全 0，此时优先编码器对 $Q_7 = 0$ 进行编码，输出 $D_2D_1D_0 = 000$；当 $V_{REF}/15 \leqslant v_I < 3V_{REF}/15$ 时，比较器 $C_1 \sim C_6$ 的输出为低电平 0，只有 C_7 的输出为高电平 1，当 CP 到来后，寄存器 $FF_1 \sim FF_6$ 的输出为全 0，FF_7 的输出为 1，此时优先编码器对 $Q_6 = 0$ 进行编码，输出 $D_2D_1D_0 = 001$。其余以此类推。

设输入模拟电压 v_I 的变化范围是 $0 \sim 1V_{REF}$，输出的 3 位数字量为 $D_2D_1D_0$，则 3 位并行比较型 A/D 转换器的输入/输出关系如表 7-2 所示。

并行比较型 A/D 转换器是一种极高速的 A/D 转换器，转换时间可小到几十纳秒，使用时一般不需要保持电路。并行比较型 A/D 转换器由于转换速度快，常用于视频信号和雷达信号的处理系统。并行比较型 A/D 转换器的主要缺点是功耗大，成本高。输出 n 位二进制代码时，需 $2^n - 1$ 个电压比较器和 D 触发器及复杂的编码网络。

表 7-2　3 位并行比较型 A/D 转换器的输入/输出关系

Table7-2　Input-output relationship of 3-bit parallel comparative ADC

模拟量输出	比较器输出状态							数字量输出		
	C_7	C_6	C_5	C_4	C_3	C_2	C_1	D_2	D_1	D_0
$0 \leqslant v_I < \dfrac{V_{REF}}{15}$	0	0	0	0	0	0	0	0	0	0
$\dfrac{V_{REF}}{15} \leqslant v_I < \dfrac{3V_{REF}}{15}$	0	0	0	0	0	0	1	0	0	1
$\dfrac{3V_{REF}}{15} \leqslant v_I < \dfrac{5V_{REF}}{15}$	0	0	0	0	0	1	1	0	1	0
$\dfrac{5V_{REF}}{15} \leqslant v_I < \dfrac{7V_{REF}}{15}$	0	0	0	0	1	1	1	0	1	1
$\dfrac{7V_{REF}}{15} \leqslant v_I < \dfrac{9V_{REF}}{15}$	0	0	0	1	1	1	1	1	0	0
$\dfrac{9V_{REF}}{15} \leqslant v_I < \dfrac{11V_{REF}}{15}$	0	0	1	1	1	1	1	1	0	1
$\dfrac{11V_{REF}}{15} \leqslant v_I < \dfrac{13V_{REF}}{15}$	0	1	1	1	1	1	1	1	1	0
$\dfrac{13V_{REF}}{15} \leqslant v_I < V_{REF}$	1	1	1	1	1	1	1	1	1	1

为了降低成本，目前高速 A/D 转换器通常采用两个较低分辨率的并行比较型 A/D 转换器来构成较高分辨率的半闪烁型 A/D 转换器。图 7-9 所示为 8 位半闪烁型 ADC 的原理框图，采用两个 4 位并行比较型 A/D 转换器。其转换过程分为三步：第一步，用并行方式进行高 4 位的转换，得到 8 位数据中的高 4 位输出，同时再把高 4 位数字进行 D/A 转换，恢复成模拟电压；第二步，把输入的模拟电压与 D/A 转换器输出的模拟电压相减，将其差值放大 16 倍后再用并行方式进行低 4 位的转换；第三步，将上述两级 A/D 转换器的数字输出并联后作为总输出。半闪烁型 ADC 电路只用了 $2 \times 15 = 30$ 个比较器，与 8 位并行比较型 A/D 转换器需要 $2^8 - 1 = 255$ 个比较器相比，比较器的数量大大减少了。

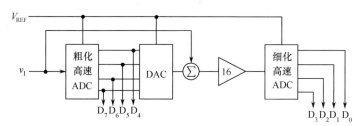

图 7-9　8 位半闪烁型 ADC 的原理框图

Fig. 7-9　Schematic diagram of 8-bit half-flicker ADC

3. 双积分型 A/D 转换器

与前面介绍的 A/D 转换器不同，双积分型 A/D 转换器属于间接型 A/D 转换器。它把模拟量转化成数字量需要两步：第一步，把输入的模拟电压转换成一个中间变量，如时间 T；第二步，对中间变量进行量化编码，得到转换结果。目前使用的间接型 A/D 转换器多属于电压—时间变换型（简称 VT 型）。为了将电压转化为成正比的时间量，采用如图 7-10 所示的双积分电路。下面简单说明双积分电路的工作原理。

（1）将开关 S_1 连到 v_I 上，此时由 RC 电路构成的积分器对 v_I 进行积分，时间为固定值 T_1。

根据积分计算公式，当积分结束时，积分器的输出电压 v_O 表示成

$$v_O = \frac{1}{C} \int_0^{T_1} \left(\frac{v_I}{R} \right) \mathrm{d}t = -\frac{T_1 v_I}{RC} \tag{7-3}$$

积分电路的输出 v_O 与 v_I 成正比。这一过程称为转换电路对输入模拟电压的采样。

（2）将开关接到 $-V_{REF}$ 上，积分器向相反的方向积分，输出电压由式（7-3）计算出的值上升直到为零，即输出电压满足下式：

$$v_O = -\frac{T_1 v_I}{RC} + \frac{1}{C} \int_0^{T_2} \left(\frac{V_{REF}}{R} \right) \mathrm{d}t = 0 \tag{7-4}$$

由此计算得到所经过的积分时间 T_2 为

$$T_2 = \frac{T_1 v_I}{V_{REF}} \tag{7-5}$$

双积分电路的工作波形如图 7-11 所示。

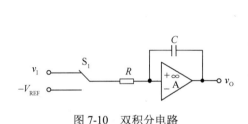

图 7-10 双积分电路

Fig. 7-10 Double integral circuit

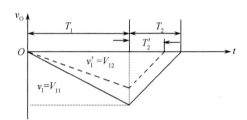

图 7-11 双积分电路的工作波形

Fig.7-11 Working waveform of double integrator

图 7-12 所示为 n 位双积分型 A/D 转换器的逻辑电路。它主要由基准电压 $-V_{REF}$、积分器、检零比较器、计数器、定时触发器、时钟控制门等部分组成。

（1）积分器：由运算放大器和 RC 电路组成，它是 A/D 转换器的核心部分。

（2）检零比较器：它在积分器之后，用于检查积分器输出电压 v_O 的过零时刻。当 $v_O \geq 0$ 时，输出 $v_c = 0$；反之，输出 $v_c = 1$。

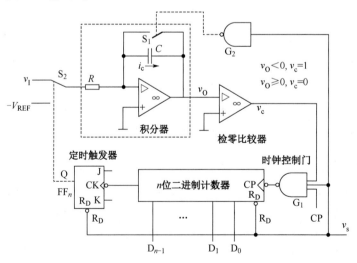

图 7-12 n 位双积分型 A/D 转换器的逻辑电路

Fig. 7-12 Logic circuit of n-bit double-integral ADC

（3）时钟控制门：它有 3 个输入端，分别接检零比较器的输出 v_c、转换控制信号 v_s 和标准时钟脉冲 CP。当 $v_c = 1$，$v_s = 1$ 时，G_1 门打开，计数器对时钟脉冲 CP 计数；当 $v_c = 0$ 时，G_1 门关闭，计数器计数随之停止。

（4）计数器和定时触发器：计数器由 n 个触发器 $FF_0 \sim FF_{n-1}$ 组成。当记到 2^n 个时钟脉冲时，触发器回到全 0 状态，FF_{n-1} 送出进位信号使定时触发器 FF_n 置 1，即 $Q^n = 1$，开关 S_2 接 V_{REF}，计数器由 0 开始计数，将输入的模拟电压 v_1 转换成数字量。

下面讨论具体的工作原理。

转换开始前，先将计数器清零，接通 S_1 使电容完全放电。转换开始时，断开 S_1：

（1）设开关 S_2 置于输入信号 v_1 一侧。由 RC 电路构成的积分器对输入信号 v_1 进行固定时间 T_1 的积分，同时逻辑控制电路将计数门打开，计数器开始计数。积分结束时，积分电路的输出电压满足式（7-3）。在固定的积分时间 T_1 内，计数器达到满量程 N 由全 1 复位到全 0。在计数器复位到全 0 的同时，输出一个进位脉冲向逻辑控制电路发出信号，令开关 S_1 转换至基准电压 $-V_{REF}$ 一侧，采样过程结束。

（2）采样过程结束时，因基准电压 $-V_{REF}$ 的极性与 v_1 相反，积分电路向相反方向积分。同时，计数器由 0 开始计数，经过 T_2 时间［可由式（7-4）计算］，积分电路的输出电压回升为零，检零比较器输出低电平，关闭计数门，计数器停止计数，并通过逻辑控制电路使开关 S_2 置于输入信号 v_1 一侧，重复第（1）步过程。设在 T_2 期间，标准频率为 f_{CP} 的时钟脉冲通过计数门，计数结果为 D，由 $T_1 = N_1 T_{CP}$，$T_2 = D T_{CP}$，计数的脉冲数为

$$D = \frac{T_1}{T_{CP} V_{REF}}, \quad U_i = \frac{N_1 v_1}{V_{REF}} \tag{7-6}$$

计数器中的数值就是 A/D 转换器转换后的数字量，至此完成了模数转换。

双积分型 A/D 转换器的优点是工作性能比较稳定，抗干扰能力强，稳定性好，可以实现高精度模数转换。双积分型 A/D 转换器的主要缺点是工作速度较低，其转换速度一般在每秒几十次之内。双积分型 A/D 转换器大多应用于精度要求较高但转换速度要求不高（如数字式万用表）的场合。

4. 集成 A/D 转换器

本节介绍两种常用的集成 A/D 转换器。

（1）集成逐次逼近型 A/D 转换器 CAD5121

CAD5121 是一种逐次逼近型 10 位 A/D 转换器，采用双极型工艺，具有较高的转换速度。它由 10 位 D/A 转换器、10 位逐次逼近寄存器、时钟信号发生器、比较器、三态输出缓冲器、基准电压和逻辑控制等电路组成。它的特点是内部有时钟发生器和基准电压电路，不需要外接时钟脉冲和基准电压 $-V_{REF}$，能直接与计算机连接，使用非常方便。其基本工作原理是，在内部时钟脉冲作用下，逐次逼近寄存器从高位到低位逐次改变权码值，D/A 转换器依次转换，并提供输出电流。同时，根据对应于每个逐次加上的权码，D/A 转换器产生的输出电流是大于还是小于输入电流来确定比较结果，并经比较器的输出端反馈到逐次逼近寄存器中，控制权码的去留。

（2）集成双积分型 A/D 转换器

图 7-13 所示为 BCD 码双积分型 A/D 转换器的原理框图，它是一种 3/2 位 BCD 码 A/D 转换器。该 A/D 转换器一般外接配套的 LED 显示器件或 LCD 显示器件，可以将模拟电压用数

字量直接显示出来。其优点是抗干扰性能强，广泛用于各种数字测量仪表、汽车仪表等。

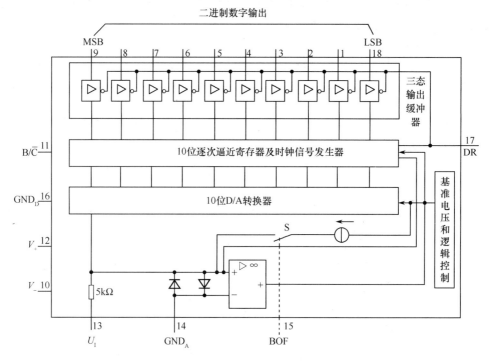

图 7-13　BCD 码双积分型 A/D 转换器的原理框图

Fig. 7-13　Schematic diagram of BCD code double integral ADC

7.2.3　A/D 转换器的主要技术指标（**Main Technical Indexes of ADC**）

1．分辨率

通常以输出二进制数或十进制数的位数表示分辨率的高低。位数越多，量化单位越小，对输入信号的分辨能力就越高。

2．转换误差

转换误差是指在零点和满度都校准以后，在整个转换范围内，分别测量各个数字量所对应的模拟输入电压实测范围与理论范围之间的偏差。取其中最大偏差作为转换误差的指标，表示的是 A/D 转换器实际输出的数字量与理想输出的数字量之间的差别，并用最低有效位的倍数表示，通常以相对误差的形式出现。在 A/D 转换器中，通常用分辨率和转换误差描述转换精度。

3．转换速度

常用转换时间或转换速率描述转换速度。A/D 转换器完成一次从模拟量到数字量转换所需要的时间称为转换时间。并行型 A/D 转换器速度最高，约为数十纳秒；逐次逼近型 A/D 转换器速度次之，约为数十微秒；双积分型 A/D 转换器速度最慢，约为数十毫秒。

7.3　D/A 转换器（Digital Analog Converter）

7.3.1　D/A 转换器的工作原理（Working Principle of DAC）

D/A 转换器的作用就是把数字量转换成模拟量。n 位 D/A 转换器框图如图 7-14 所示。D/A 转换器主要由数字寄存器、模拟电子开关、解码网络、求和放大器及基准电压组成。数字量是用代码按数位组合起来表示的，对于有权码来说，每位都有对应的权。因此，为了实现数字量到模拟量的转换，用存于寄存器中的数字量的各位数码分别控制对应位的模拟电子开关，将权送入求和放大器，由求和放大器将各位权相加得到与数字量相对应的模拟量，从而实现数字量到模拟量的转换。

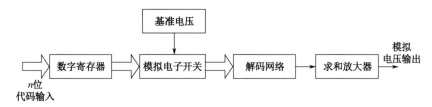

图 7-14　n 位 D/A 转换器框图

Fig. 7-14　Block diagram of n-bit DAC

以 3 位 D/A 转换器为例，输出电压信号 v_O 与输入数字信号 $D = D_2D_1D_0$ 之间满足

$$v_O = K\sum_{i=0}^{2} D_i 2^i \tag{7-7}$$

式中，K 为比例系数。当 K 为 1 时，输入量和输出量的对应关系如表 7-3 所示。

表 7-3　3 位 D/A 转换器输入量和输出量的对应关系表

Table 7-3　Table of correspondence between input and output of 3-bit DAC

D_2	D_1	D_0	v_O/V	D_2	D_1	D_0	v_O/V
0	0	0	0	1	0	0	4
0	0	1	1	1	0	1	5
0	1	0	2	1	1	0	6
0	1	1	3	1	1	1	7

图 7-15 所示为 3 位 D/A 转换器的输入数字量与经过数模转换后输出的电压模拟量之间的对应关系。从图中可以看到，D/A 转换器的输出电压波形是阶梯形的。两个相邻数码转换输出的电压差值就是 D/A 转换器所能分辨的最小电压值，称为最小分辨电压，可以用 V_{LSB} 表示。

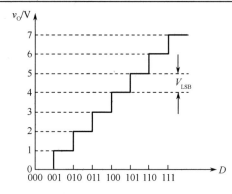

图 7-15　3 位 D/A 转换器的转换特性示意图

Fig. 7-15　Schematic diagram of conversion characteristics of 3-bit DAC

7.3.2　D/A 转换器的主要类型和电路特点
（**Main Types and Circuit Characteristics of DAC**）

　　D/A 转换器的种类很多，按解码网络结构可分为 T 型、倒 T 型、权电阻和权电流型；按模拟电子开关可分为 CMOS 型和双极型，其中双极型又可分为电流开关型和 ECL 电流开关型等。本节主要介绍常用的数模转换电路，包括 R-2R 电阻网络、权电流型及集成 D/A 转换器等。

1. *R*-2*R* 电阻网络 D/A 转换器

　　图 7-16 所示为 4 位 *R*-2*R* 电阻网络 D/A 转换器电路，主要由 4 个电子模拟开关 $S_0 \sim S_3$、*R*-2*R* 电阻网络、基准电压 V_{REF} 和集成运放等部分组成。由图可见，电阻网络中只有 *R* 和 2*R* 两种阻值的电阻，这就给集成化带来很大的方便。

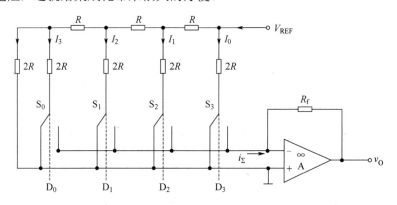

图 7-16　4 位 *R*-2*R* 电阻网络 D/A 转换器电路

Fig. 7-16　Circuit of 4-bit *R*-2*R* resistor network DAC

　　4 个电子模拟开关 $S_0 \sim S_3$ 分别受输入的二进制代码 $D_0 \sim D_3$ 的控制。例如，当 $D_1 = 0$ 时，开关 S_1 接地，支路电流 $I_2 = 0$；当 $D_1 = 1$ 时，开关接在基准电压 V_{REF} 上，支路电流 I_2 不为零，汇总成支路电流 i_Σ 流向理想运算放大器（满足虚断和虚短等条件）。

　　为了计算的方便，图 7-17 给出了 *R*-2*R* 电阻网络的等效电路。无论从哪个位置向左看，对地的等效电阻值都为 *R*。因此，流入电阻网络的总电流为

$$I = \frac{V_{\text{REF}}}{R} \tag{7-8}$$

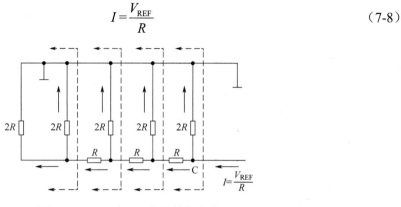

图 7-17 *R-2R* 电阻网络的等效电路

Fig. 7-17 Equivalent circuit of *R-2R* resistor network

每经过一个节点，电流都被分流一半。各支路上的电流分别为

$$I_0 = \frac{I}{2}, \quad I_1 = \frac{I}{4}, \quad I_2 = \frac{I}{8}, \quad I_3 = \frac{I}{16}$$

在输入数字量的作用下，流入集成运放的总电流为

$$i_{\Sigma} = \frac{ID_3}{2} + \frac{ID_2}{4} + \frac{ID_1}{8} + \frac{ID_0}{16} \tag{7-9}$$

求出集成运算放大器的输出电压为

$$
\begin{aligned}
v_{\text{O}} &= -i_{\Sigma}R_{\text{f}} \\
&= -R_{\text{f}}\left(\frac{V_{\text{REF}}D_3}{2R} + \frac{V_{\text{REF}}D_2}{4R} + \frac{V_{\text{REF}}D_1}{8R} + \frac{V_{\text{REF}}D_0}{16R}\right) \\
&= -V_{\text{REF}}R_{\text{f}}\left(\frac{D_3}{2R} + \frac{D_2}{4R} + \frac{D_1}{8R} + \frac{D_0}{16R}\right) \\
&= -V_{\text{REF}}R_{\text{f}}\frac{2^3 D_3 + 2^2 D_2 + 2^1 D_1 + 2^0 D_0}{2^4 R}
\end{aligned} \tag{7-10}
$$

由式（7-10）可知，输出模拟电压 v_{O} 与输入数字量成正比，而且该式与权电阻网络 D/A 转换器的输出具有相同的形式。同理可推出 n 位输入的 *R-2R* 电阻网络 D/A 转换器的输出模拟电压计算公式为

$$v_{\text{O}} = -\frac{V_{\text{REF}}R_f}{2^n R}\sum_{i=0}^{n-1} 2^i D_i \tag{7-11}$$

R-2R 电阻网络 D/A 转换器中的模拟开关可以用双极型或 CMOS 工艺制造，但两者有一定的区别。前者电流只能单方向流动，要求参考电压 V_{REF} 为单极性；而后者为双向模拟开关，因此流经模拟开关的电流方向可以任意。

例 7-1 电路如图 7-16 所示，已知 $V_{\text{REF}} = 5\text{V}$，$D_3D_2D_1D_0 = 0110$，$R_{\text{f}} = 20\text{k}\Omega$，其余电阻的值均为 $10\text{k}\Omega$，求输出电压。

解

$$
\begin{aligned}
v_{\text{O}} &= -5 \times 20\left(\frac{1}{20} \times 0 + \frac{1}{40} \times 1 + \frac{1}{80} \times 1 + \frac{1}{160} \times 0\right) \\
&= -10(0.25 + 0.125) \\
&= -3.75\text{V}
\end{aligned}
$$

R-$2R$ 电阻网络与权电阻网络 D/A 转换器相比，仅有 R 和 $2R$ 两种规格的电阻，从而克服了权电阻阻值多且阻值差别大的缺点，利于批量生产；另外，各支路的电流直接流入运算放大器的输入端，提高了工作速度。因此，R-$2R$ 电阻网络 D/A 转换电路是 D/A 转换器中工作速度较快、应用较多的一种。

2. 权电流型 D/A 转换器

在分析 R-$2R$ 电阻网络 D/A 转换器时，把模拟开关当作理想开关处理，没有考虑到实际开关所存在的导通电阻和导通压降（如二极管、三极管可以作为开关使用，近似分析中当作理想开关，但实际上导通压降还是存在的，用硅材料制成的二极管导通压降为 0.7V 左右），它们的存在无疑将引起转换误差，从而影响转换精度。下面介绍权电流型 D/A 转换器如何消除导通电阻和导通压降对转换精度的影响。图 7-18 所示为 4 位权电流型 D/A 转换器电路。该D/A 转换器主要由一组权电流恒流源、运算放大器、电子模拟开关 S_0~S_3 和基准电压 $-V_{REF}$组成。这组恒流源中，每个恒流源电流的大小依次为 $I/2$，$I/4$，$I/8$ 和 $I/16$，后一个分别为前一个恒流源电流的 $1/2$，并与输入的二进制数码所对应的位权值成正比。由于采用了恒流源，每个支路电流的大小不再受模拟开关内阻和压降的影响，从而降低了对开关电路的要求。

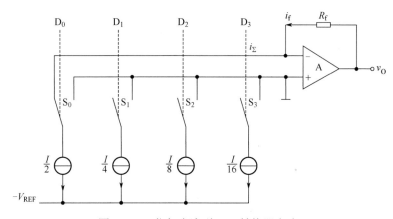

图 7-18　4 位权电流型 D/A 转换器电路

Fig. 7-18　Circuit of 4-bit weight current type DAC

当 $D_i = 0$ 时，对应的模拟开关 S_0~S_3 全部接地；当 $D_i = 1$ 时，对应的模拟开关 S_0~S_3 分别将 4 个电流源接到运放的反相输入端。输出电压 v_O 可以通过下式计算：

$$
\begin{aligned}
v_O &= i_f R_f \\
&= \frac{D_3 I}{2} + \frac{D_2 I}{4} + \frac{D_1 I}{8} + \frac{D_0 I}{16} \\
&= \frac{R_f I}{2^4} \sum_{i=0}^{3} D_i 2^i
\end{aligned}
\qquad (7\text{-}12)
$$

从式（7-12）可以看出，输出电压与输入的数字量成正比。类似地可以推出 n 位权电流型 D/A 转换器的输出电压满足

$$
v_O = \frac{R_f I}{2^n} \sum_{i=0}^{n-1} D_i 2^i
\qquad (7\text{-}13)
$$

权电流型 D/A 转换器直接将恒流源切换到电阻网络中，恒流源内阻极大，相当于开路，所以连同电子开关在内，对它的转换精度影响都比较小。又因电子开关大多采用非饱和型的

ECL 开关电路，因此，使用这种 D/A 转换器可以实现高速转换，转换精度较高。

3．集成 D/A 转换器 CDA7524

CDA7524 是 CMOS 8 位并行 D/A 转换器，功耗只有 20mW，电源电压 V_{DD} 可在+5V～+15V 之间选择，其电路原理如图 7-19 所示。CDA7524 包含 R-$2R$ 电阻网络、CMOS 模拟电子开关 及一个数据锁存器。V_{REF} 是基准电压，可正可负。当 V_{REF} 为正值时，输出电压为负值；反之，输出电压为正值。$\overline{CS}$ 为片选信号，低电平有效。$\overline{WR}$ 为写信号，低电平有效。$D_0 \sim D_7$ 为 8 位数据输入端。OUT_1 和 OUT_2 为输出端，内部已包含反馈电阻。一般的集成 D/A 转换器都不 包含运算放大器，使用时需要外接。

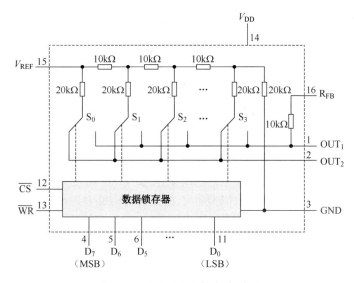

图 7-19　CDA7524 的电路原理

Fig. 7-19　Circuit schematic of CDA7524

CDA7524 除用于数模转换的典型应用外，还可以构成数字衰减器、数控增益放大器、频 率合成器等。

7.3.3　D/A 转换器的主要技术指标（Main Technical Indexes of DAC）

由上面 3 种 D/A 转换器的分析可以知道，实质上 D/A 转换器是将输入的每位二进制代码 按其权的大小转换成相应的模拟量，然后将各位模拟量相加，所得的总模拟量就与数字量成 正比，实现了从数字量到模拟量的转换。可以统一地用公式表示成

$$v_O = K \sum_{i=0}^{n-1} D_i 2^i \tag{7-14}$$

式中，$\sum_{i=0}^{n-1} D_i 2^i$ 为二进制数按权展开转换成的十进制数，系数 K 由具体的电路参数决定。

1．分辨率

D/A 转换器的分辨率是指 D/A 转换器输出的最小分辨电压与满刻度输出电压的比值。其 中，最小分辨电压是指对应于输入数字量最低位（LSB）为 1、其余各位为 0 时的输出电压，

记为 V_{LSB}。满刻度输出电压就是对应于输入数字量的各位全为 1 时的输出电压，记为 V_{FSR}，对于一个 n 位 D/A 转换器，分辨率可表示为

$$分辨率 = \frac{V_{LSB}}{V_{FSR}} = \frac{1}{2^n - 1} \qquad (7\text{-}15)$$

式（7-15）表明，一个 n 位的 D/A 转换器，其分辨率只与输入二进制数的位数 n 有关。因此，有些情况下直接把 n 称为 D/A 转换器的分辨率。当输出电压的最大值为定值时，D/A 转换器输入数字量的位数 n 越多，分辨率越高，相应的 V_{LSB} 越小。

例 7-2 计算 $n = 10$ 位的 D/A 转换器的分辨率。当满刻度输出电压 $V_{FSR} = 10V$ 时，最小分辨电压 V_{LSB} 为多少？

解 将数值代入式（7-15），得

$$分辨率 = \frac{1}{2^{10} - 1} = 0.000978$$

当满刻度输出电压 $V_{FSR} = 10V$ 时，有

$$V_{LSB} = 10 \times 0.000978（V）\approx 10mV$$

2. 转换误差

由于 D/A 转换器的各个组成部分在参数和性能上与理论值之间不可避免地存在着差异，因此，D/A 转换器的实际输出电压与理想输出电压之间并不完全一致。转换误差是指 D/A 转换器实际输出的模拟电压与理论输出模拟电压之间的最大偏差，一般用最低有效位的倍数决定。例如，某 D/A 转换器的转换误差为 LSB/4，就表示输出模拟电压与理论值之间的误差小于或等于最小分辨电压 V_{LSB} 的 1/4。

3. 转换时间

转换时间是指 D/A 转换器在输入数字信号开始转换，到输出的模拟电压达到稳定值所需的时间。通常用 t_{set} 描述，它反映 D/A 转换器的工作速度。转换时间越少，工作速度就越高。一般普通 D/A 转换器的 t_{set} 是几到几百微秒，高速 D/A 转换器的 t_{set} 小于几微秒。当 D/A 转换器外接运算放大器时，总 t_{set} 可由 D/A 转换器的时间 $t_{set(D/A)}$ 和运算放大器的时间 $t_{set(OA)}$ 估计得出，即三者之间满足

$$t_{set} = \sqrt{t_{set(D/A)} + t_{set(OA)}^2} \qquad (7\text{-}16)$$

可见，为了获得较快的转换速度，应选用转换速率高的运算放大器。

4. 温度系数

温度系数是指在输入不变的情况下，输出模拟电压随温度变化产生的变化量。一般用满刻度输出条件下温度每升高 1℃输出电压变化的百分数作为温度系数。

参 考 文 献

[1] 李晓辉. 数字电路与逻辑设计[M]. 2 版. 北京：电子工业出版社，2017.

[2] T Floyd. Digital Fundamentals[M]. 11 版. 北京：电子工业出版社，2019.

[3] 王毓银，陈鸽，杨静，等. 数字电路逻辑设计[M]. 3 版. 北京：高等教育出版社，2018.

[4] 阎石. 数字电子技术基础[M]. 5 版. 北京：高等教育出版社，2006.

[5] 周开利，李继凯，龙翔，等. 数字电子技术[M]. 武汉：华中科技大学出版社，2009.

[6] 刘培植. 数字电路与逻辑设计[M]. 北京：北京邮电大学出版社，2009.

[7] 徐惠民，安德宁，延明. 数字电路与逻辑设计[M]. 北京：人民邮电出版社，2009.

[8] 唐治德. 数字电子技术基础[M]. 北京：科学出版社，2009.

[9] 徐秀平. 数字电路与逻辑设计[M]. 北京：电子工业出版社，2010.

[10] 夏义全. 数字电路实验与设计[M]. 武汉：武汉大学出版社，2014.

[11] 尤佳，李春雷，伍春洪，等. 数字电子技术实验与课程设计[M]. 北京：机械工业出版社，2017.